Erick Odunga Were

Adoção de Registos Fiscais Electrónicos pelos Estabelecimentos Hoteleiros

Erick Odunga Were

Adoção de Registos Fiscais Electrónicos pelos Estabelecimentos Hoteleiros

ScienciaScripts

This book is a translation from the original published under ISBN 978-620-2-02699-4.

Publisher:
Sciencia Scripts
is a trademark of
Dodo Books Indian Ocean Ltd. and OmniScriptum S.R.L publishing group

120 High Road, East Finchley, London, N2 9ED, United Kingdom
Str. Armeneasca 28/1, office 1, Chisinau MD-2012, Republic of Moldova, Europe
Printed at: see last page
ISBN: 978-620-8-04469-5

FACTORES QUE INFLUENCIAM A ADOÇÃO DA TECNOLOGIA DE
REGISTO FISCAL ELETRÓNICO PELOS ESTABELECIMENTOS HOTELEIROS
NO DISTRITO DE UASIN GISHU
BY
ERICK WEREODUNGA

DEDICAÇÃO

À minha filha Lauryn Nanyanga e ao meu filho Leon Odunga, para que possam almejar mais alto do que o seu pai, à minha mulher Beatrice, pelo seu encorajamento e orações, e aos meus pais Bethseba e Akisoferi, pelo sacrifício que fizeram para me acompanharem nos estudos.

RECONHECIMENTO

Agradeço a Deus Todo-Poderoso por me ter dado a força e a capacidade de ir até ao fim. Os meus sinceros agradecimentos aos meus supervisores, Dr. Odunga Pius e Dr. Kieti Damianah, que pacientemente disponibilizaram o seu tempo e orientação académica no processo de redação desta tese. Akama, Sr. Ongaro e Dr. Sitati, que me orientaram e ajudaram a concetualizar o estudo durante as fases iniciais do curso, e aos colegas Buchere, Nyamora, Kemei e Macharia, com os quais comparámos notas enquanto trabalhávamos no programa. Não esquecendo todos aqueles que deram contributos que tornaram possível a realização deste trabalho, pois ajudaram-me a concretizar um sonho há muito acalentado.

Gostaria também de agradecer à minha família por se ter sacrificado em termos de necessidades financeiras e de tempo e, ao mesmo tempo, ter dado apoio moral para me permitir concluir este curso. Um agradecimento especial à minha mulher Beatrice, que acreditou em mim mesmo quando as tarefas que tinha pela frente pareciam insuperáveis. Gostaria também de agradecer as contribuições de todos os funcionários do KRA, diretores de hotéis e funcionários do turismo que dedicaram o seu tempo a fornecer as informações necessárias para este estudo.

Por último, mas não menos importante, um agradecimento especial à Laura e ao Leo, que sempre me motivaram a nunca desistir, e à minha irmã Abigael, que sempre me desafiou a não bater o seu recorde de sete anos.

RESUMO

Os estabelecimentos hoteleiros do Quénia resistiram à introdução da tecnologia do registo fiscal eletrónico (RET), ao contrário de ocasiões anteriores em que estiveram sempre na vanguarda da adoção de novas tecnologias, pelo que este estudo procurou avaliar os factores susceptíveis de influenciar a adoção da tecnologia RET pelos estabelecimentos hoteleiros do distrito de Uasin Gishu. Especificamente, o estudo avaliou: - (i) o efeito das caraterísticas da hotelaria (organizacionais) na adoção da tecnologia de registo fiscal eletrónico, (ii) o efeito das caraterísticas ambientais na adoção da tecnologia de registo fiscal eletrónico e (iii) o efeito das caraterísticas tecnológicas na adoção da tecnologia de registo fiscal eletrónico. O estudo aplicou o quadro Tecnologia-Organização-Ambiente (T-O-E) avançado por Tornatsky e Fleisher (1990) na identificação dos factores susceptíveis de afetar a adoção da tecnologia do registo fiscal eletrónico. Além disso, o estudo aplicou a teoria da difusão das inovações (DOI), também designada por teoria da difusão da inovação, para abordar a taxa de implementação e a teoria unificada da aceitação e utilização da tecnologia (UTAUT) para explicar as intenções do utilizador (estabelecimento hoteleiro) de utilizar a tecnologia e o comportamento de utilização subsequente. O estudo utilizou concepções de investigação explicativas e de inquérito. A população do estudo foi constituída por 63 estabelecimentos hoteleiros, dos quais 35 foram objeto de uma amostragem combinando técnicas de amostragem estratificada, aleatória simples e intencional. Os dados recolhidos foram submetidos a uma análise canónica utilizando o sistema SAS, em que as variáveis de cada caraterística independente foram correlacionadas antes de as variáveis canónicas resultantes serem correlacionadas com as variáveis canónicas das variáveis de adoção de ETR, que constituíam a variável dependente. As principais conclusões do estudo foram que a adoção das máquinas ETR pelos estabelecimentos hoteleiros foi influenciada pelos recursos disponíveis, tendo os estabelecimentos com mais recursos adotado mais rapidamente; o atraso na formação do pessoal dos estabelecimentos hoteleiros sobre a utilização das máquinas ETR abrandou a taxa de adoção da tecnologia ETR pelos estabelecimentos e a adoção da tecnologia ETR pelos concorrentes e a perceção dos benefícios da adoção da tecnologia ETR incentivaram a adoção. Por conseguinte, o estudo recomendou que o KRA reforçasse a educação dos contribuintes para incentivar a adoção e que melhorasse as suas abordagens de controlo para garantir o cumprimento integral e a coerência na adoção da tecnologia por todos os estabelecimentos comerciais. As conclusões do estudo fornecem informações para outros estudos sobre a adoção de tecnologias apoiadas pela legislação.

ÍNDICE DE CONTEÚDOS

DEFINIÇÃO DE TERMOS OPERACIONAIS

Imposto sobre o valor acrescentado - é definido como um imposto cobrado às empresas em todas as fases da produção e da distribuição sobre o valor que acrescentam às suas compras de matérias-primas, combustíveis e bens de equipamento (Hardwick *et al* 1990). Para efeitos do estudo, o IVA refere-se ao montante do imposto registado pelas máquinas ETR no ponto de venda das empresas de hotelaria.

Os impostos são definidos como transferências obrigatórias de dinheiro de indivíduos, grupos ou instituições privadas para o governo (Hardwick *et al.*, 1990).

Registos fiscais electrónicos - Para este estudo, refere-se aos dispositivos fiscalizados instalados pelas empresas hoteleiras e aprovados pela Autoridade Tributária do Quénia para efeitos de apresentação de declarações de IVA à KRA.

Estabelecimento hoteleiro - Para efeitos do presente estudo, entende-se por estabelecimento hoteleiro os edifícios onde as pessoas ficam alojadas por curtos períodos de tempo e pagam pelos quartos, refeições e outros serviços oferecidos.

Conformidade - refere-se à adoção e utilização adequada das máquinas ETR pelos estabelecimentos hoteleiros.

Conformidade - refere-se a um estabelecimento hoteleiro que adoptou e está a utilizar a tecnologia ETR.

Vantagem relativa - refere-se ao grau em que a nova tecnologia é superior à prática atual

Compatibilidade - refere-se ao grau de coerência da nova tecnologia com os valores culturais sociais, as ideias anteriores e as necessidades sentidas.

Experimentabilidade - refere-se à possibilidade de experimentar a tecnologia numa base limitada.

Observabilidade - refere-se ao grau em que os resultados da nova tecnologia são observáveis.

Complexidade - refere-se à dificuldade de compreender a nova tecnologia.

CAPÍTULO UM
1.1 INTRODUÇÃO

Este capítulo apresenta sistematicamente os antecedentes do estudo, o enunciado do problema, a finalidade do estudo, os objectivos da investigação e as hipóteses de investigação. Apresenta também a justificação do estudo, o significado, os pressupostos, o âmbito e as limitações do estudo. São também apresentados os enquadramentos teóricos e conceptuais.

1.2 Antecedentes do estudo

A indústria do turismo no Quénia é complexa e multifacetada, uma vez que afecta praticamente todos os aspectos da economia. As várias empresas do sector combinam as suas actividades a fim de satisfazer as necessidades e a procura dos turistas. Algumas das empresas do sector privado, como os membros da Associação de Operadores Turísticos do Quénia, da Associação de Hoteleiros e Fornecedores de Refeições do Quénia, da Associação de Agentes de Viagens do Quénia e da Associação de Operadores Aéreos do Quénia, entre outras, fornecem as suas instalações e serviços diretamente aos turistas, enquanto outras, como as do sector público, prestam apoio político aos intervenientes no sector.

O sector público, neste caso, inclui o Governo, o Ministério do Turismo, os Bomas do Quénia, a Kenya Tourism Development Corporation, o Kenya Utallii College, o Catering and Tourism Development Levy Trustees, o Kenya Tourist Board, o Kenya Wildlife Service, as autoridades locais, entre outros (Odunga, 2005). O crescimento da indústria do turismo internacional desde a Segunda Guerra Mundial tem sido fenomenal. As chegadas anuais de turistas a nível mundial aumentaram de 25 milhões em 1950 para 450 milhões em 1990 (UNIDO, 2003). O Banco Mundial encorajou os países em desenvolvimento a investir no turismo como uma estratégia para atrair investimento estrangeiro, e os governos dos países em desenvolvimento começaram a ver o turismo como um meio de redistribuir recursos do Norte para o Sul (UNIDO, 2003).

Nas palavras da Organização Mundial do Turismo (OMT), o turismo tornou-se "um dos mais importantes fenómenos económicos, sociais, culturais e políticos do século XX". Atualmente, o turismo é frequentemente descrito como a "maior" indústria do mundo, com base na sua contribuição para o rendimento global, no número de empregos que gera e no número de clientes que serve.

Assim, o turismo é um dos principais alvos de tributação dos governos em todo o mundo, uma vez que constitui uma importante fonte de receitas em divisas. O turismo tem aparecido continuamente como uma salvação para os governos que enfrentam restrições orçamentais e estão sob pressão para diminuir a sua dependência do imposto sobre o rendimento e das tarifas como fontes de receitas (Gooroochurn & Sinclair, 2003). O governo queniano não foi exceção. No Quénia, o turismo tem vindo a crescer constantemente, tanto em termos de número de chegadas como de receitas geradas, desde a independência e continua a ser um dos sectores económicos mais importantes do país. A cobrança de receitas públicas no Quénia é principalmente da competência da Autoridade Tributária do Quénia, que é o principal agente de cobrança de impostos. É dirigida pelo Comissário Geral, que é responsável pelo controlo, pela cobrança e pela contabilidade dos impostos, embora esteja sujeito à direção e ao controlo do Ministério das Finanças (Lei do IVA, 1989).

A política fiscal do Quénia é regulada por leis do Parlamento e legislação subsidiária que estipulam os tipos de impostos, as suas modalidades de cobrança e os funcionários responsáveis.

Ao longo dos anos, a Autoridade Tributária do Quénia tem-se confrontado com muitos casos de evasão fiscal e procurava formas de cobrar impostos de forma eficaz e eficiente. A introdução das máquinas ETR foi, por conseguinte, considerada como a resposta a este desafio da cobrança do IVA. A Autoridade Tributária do Quénia apresentou o aumento das receitas do IVA como uma das vantagens da fiscalização, para além de períodos de auditoria mais curtos para o fiscal e menos trabalho burocrático para o comerciante (KRA, 2005). Antes da aplicação dos registos fiscais electrónicos, o Comissário Geral dos Impostos tinha de se confrontar com casos de evasão fiscal. A fim de obter informações completas sobre a dívida fiscal de qualquer pessoa ou categoria de pessoas, o Comissário ou os funcionários autorizados podem exigir a apresentação para exame, na data e no local que determinarem, de quaisquer registos, livros de contabilidade, declarações de activos e passivos ou outros documentos que considerem necessários para esse efeito (VAT Act CAP 476). A adoção da tecnologia ETR destina-se a facilitar a cobrança de impostos. Trata-se de uma tecnologia bastante atual na economia do Quénia, aprovada pelo Governo, para registar e emitir dados fiscais sobre os bens e serviços vendidos. A tecnologia envolve a utilização de ETR, que são registos de caixa mas com uma memória fiscal. A memória fiscal é uma memória especial só de leitura incorporada na caixa registadora para armazenar informações fiscais no momento da venda.

Os dispositivos ETR podem ser utilizados como equipamento autónomo para unidades comerciais individuais ou podem ser configurados numa rede se a empresa tiver muitas sucursais. Possuem um selo, uma memória, um número de série e outras especificações técnicas especiais que os tornam relativamente incorruptíveis. A tecnologia torna a administração fiscal muito mais fácil para as agências governamentais de cobrança de impostos (KRA, 2005).

Os estabelecimentos hoteleiros, que são importantes geradores de receitas na indústria do turismo, não ficaram de fora quando a adoção do RET foi tornada obrigatória, uma vez que os serviços que oferecem aos clientes estão sujeitos ao IVA (Gooroochun & Sinclair, 2003).

O Comissário dos Impostos Domésticos, ao abrigo dos poderes conferidos na sétima tabela da Lei do IVA, instruiu os contribuintes de uma secção de Nairobi para adquirirem e utilizarem registos fiscais electrónicos e outros dispositivos fiscalizados, com efeitos a partir de 1 de abril de 2005, como parte de uma fase piloto para o país (KRA, 2005). [st]Subsequentemente, foi apresentada uma exigência legislativa para que todas as empresas adoptassem a tecnologia e emitissem recibos fiscalizados a partir de 1 de janeiro de 2006.

As máquinas ETR foram introduzidas para ajudar na cobrança do IVA nos pontos de venda de bens e serviços. A Autoridade Tributária do Quénia intensificou as campanhas ETR em 2006, a fim de erradicar as fraudes fiscais e melhorar o cumprimento do IVA (KBC, 2007). De acordo com a Lei do IVA (CAP 476), os serviços de restauração, incluindo os serviços de bar e de bebidas, prestados por um proprietário ou operador de restaurante, o alojamento e todos os outros serviços prestados por um proprietário ou operador de hotel, incluindo telecomunicações, entretenimento, lavandaria, limpeza a seco, armazenamento, depósitos de segurança, serviços de conferência e de negócios, devem ser cobrados a uma taxa de 14% do valor tributável.

[th]A taxa de IVA sobre os serviços de hotelaria e restauração foi, no entanto, revista em alta de 14% para 16%, com efeitos a partir de 16 de junho de 2006, com um acréscimo de 2% para o Catering and Tourism Development Levy Trustees (CTDLT), aumentando assim a taxa de imposto efectiva para 18% (KPMG, 2006). Isto implica que se espera que o sector da hotelaria pague um valor de IVA mais elevado sobre todos os serviços que presta aos seus clientes.

Um grupo de empresários, sob a égide da United Business Association, organizou manifestações em todo o país na sequência do Aviso Legal que exigia a utilização obrigatória de ETRs. No processo, a Law Society of Kenya obteve ordens provisórias do Tribunal de Recurso do Quénia para suspender a diretiva até que um processo judicial fosse ouvido em maio do mesmo ano, ou seja, 2006 (LegalBrief Africa 2006). Posteriormente, o tribunal de recurso decidiu que a KRA prosseguisse e implementasse o programa ETR (Mburu & Njagi, 2008). Consequentemente, a Autoridade Tributária do Quénia intensificou as campanhas ETR para erradicar as fraudes fiscais e melhorar o cumprimento do IVA após a forte resistência que tinha sido montada pelos empresários, levando a uma breve suspensão do exercício no início do ano (Mutakha, 2006). Todos os empresários tiveram de cumprir as diretivas dadas pelo Ministério das Finanças e aplicadas pela KRA, apesar dos problemas que tinham levantado relativamente à adoção da tecnologia ETR.

1.3 Declaração do problema

A adoção da tecnologia ETR no Quénia pelas empresas resulta de um requisito legal (Aviso Legal n.º 110 de 8 de outubro de 2004). Assim, ao contrário de outras tecnologias, as empresas não têm outra opção senão adotar a tecnologia e integrá-la nas suas operações. No entanto, o ritmo a que a tecnologia foi adoptada variou de empresa para empresa, com outras a serem as primeiras a adoptá-la e outras a ficarem para trás.

Ao contrário de outros sectores, o sector do turismo foi sempre pioneiro na adoção de tecnologias. Sempre procurou investir em novas tecnologias para conseguir eficiência e redução de custos (Morton, 1991). Foi o caso da adoção da tecnologia TIC, que se caracterizou por três vagas principais: o sistema de reservas por computador na década de 1970, o sistema de distribuição global na década de 1980 e a Internet na década de 1990 (Odunga *et al.*, 2007). Apesar deste facto, a adoção da tecnologia ETR pelas empresas do sector do turismo constituiu um desafio, daí a necessidade de investigar por que razão esta tecnologia específica encontrou resistência no sector do Quénia, que, de outro modo, seria um sector com conhecimentos tecnológicos.

Num contexto de resistência inicial à tecnologia ETR, era necessário investigar as razões para a variação no ritmo de adoção da tecnologia ETR, como forma de saber como as empresas poderiam ser encorajadas a adotar tecnologias que são vistas por elas como onerosas, apesar dos argumentos sobre os benefícios percebidos, tal como apresentados pelos comerciantes de tecnologia.

Além disso, a investigação sobre a adoção de tecnologias concentrou-se principalmente na utilização de tecnologias de comunicação via Internet. A revisão da literatura não encontrou estudos sobre a adoção do registo fiscal eletrónico especificamente na indústria do turismo. Esta ausência de informação e o facto de as máquinas ETR serem uma introdução relativamente recente na gestão dos impostos no Quénia motivaram a necessidade de realizar este estudo.

1.4 Objetivo do estudo

O objetivo deste estudo era identificar os factores que influenciaram a adoção da tecnologia do registo fiscal eletrónico pelos estabelecimentos hoteleiros do distrito de Uasin Gishu. Além disso, o estudo procurou determinar se as caraterísticas organizacionais, as caraterísticas tecnológicas e as caraterísticas ambientais tinham um efeito sobre a adoção da tecnologia ETR.

O estudo procurou gerar mais conhecimentos em termos de reacções dos estabelecimentos hoteleiros às novas tecnologias, especificamente à tecnologia ETR. Esperava-se que o conhecimento gerado ajudasse os administradores fiscais e os responsáveis pela aplicação das políticas a desenvolver políticas de marketing mais eficazes para encorajar uma maior adoção.

1.5 Objectivos da investigação

1.5.1 Objetivo geral

Avaliar os factores que influenciam a adoção da tecnologia do registo fiscal eletrónico pelos estabelecimentos hoteleiros do distrito de Uasin Gishu.

1.5.2 Objectivos específicos

i.   Determinar o efeito das caraterísticas organizacionais na adoção da tecnologia do Registo Fiscal Eletrónico pelos estabelecimentos hoteleiros.

ii.   Determinar o efeito das caraterísticas tecnológicas na adoção da tecnologia ETR pelos estabelecimentos hoteleiros.

iii. Determinar o efeito das caraterísticas ambientais na adoção da tecnologia ETR pelos estabelecimentos hoteleiros.

1.5 Hipóteses de investigação

H0   As caraterísticas organizacionais não afectam a adoção da tributação eletrónica Tecnologia de registo pelos estabelecimentos hoteleiros em Uasin Gishu.

H0   As caraterísticas tecnológicas não afectam   a   adoção de TETR tecnologia pelos estabelecimentos hoteleiros de Uasin Gishu.

H0   As caraterísticas ambientais não afectam   a   adoção   da TETR por estabelecimentos hoteleiros em Uasin Gishu.

1.6 Justificação do estudo

O sector do turismo foi sempre pioneiro na adoção de tecnologias, como foi o caso das tecnologias TIC (Odunga *et al.*, 2007). Apesar deste facto, a adoção da tecnologia ETR pelas empresas do sector do turismo no Quénia representou um desafio, tal como aconteceu nos outros sectores. Foi este cenário que esteve na base da necessidade de investigar a resistência manifestada em relação a esta tecnologia específica.

O estudo centrou-se nas empresas de hotelaria, uma vez que estas constituem um sector-chave da indústria do turismo. O turismo gira em torno do aspeto "ficar longe de casa", pelo que a vasta gama de serviços oferecidos pelos estabelecimentos hoteleiros ao turista representa uma percentagem significativa do custo global incorrido por um turista quando visita um determinado destino turístico. Consequentemente, devido ao papel crucial que os estabelecimentos hoteleiros desempenham na indústria do turismo, esperava-se que os desafios a que foram expostos no decurso da adoção da tecnologia ETR reflectissem de forma justa os desafios enfrentados por todas as outras empresas do sector.

Os estabelecimentos hoteleiros do distrito de Uasin Gishu foram escolhidos devido à sua localização estratégica no corredor turístico que serve a parte ocidental do Quénia. A parte ocidental do Quénia possui numerosas atracções turísticas que incluem o Parque Nacional do Monte Elgon, a Reserva Nacional de Nasolot, o Parque Nacional do Pântano de Saiwa, a Reserva Nacional de Rimoi, a Reserva Nacional do Lago Kamnarok, a Reserva Nacional da Floresta de Kakamega e o Lago Nacional de Bogoria

Reserva.
O distrito de Uasin Gishu tem, por si só, um grande potencial para o turismo desportivo, o turismo cultural e o ecoturismo. O distrito está muito bem dotado em termos de desenvolvimento de infra-estruturas, uma vez que é servido pela Grande Estrada do Norte, com uma extensa rede rodoviária de acesso às cidades de Iten, Kisumu, Kitale e Kapsabet. A cidade é igualmente servida por uma rede ferroviária e dispõe de uma pista de aterragem a poucos metros do centro da cidade e de um aeroporto internacional em Kapseret, a 15 km do centro da cidade.

1.7 Importância do estudo

A maioria dos projectos de adoção de tecnologia tende a fracassar nos primeiros anos de implementação, apesar de terem custado muito dinheiro aos implementadores no seu desenvolvimento ou aquisição. Um grande obstáculo à adoção e implementação bem sucedida de tecnologia é a incapacidade do implementador para identificar e gerir a resistência às mudanças que a nova tecnologia inevitavelmente traz, um dilema a que o KRA não escapou com a introdução da tecnologia de registo fiscal eletrónico para a administração fiscal no Quénia.

O KRA passou um período frenético a tentar convencer as empresas das vantagens da adoção da tecnologia do registo fiscal eletrónico, tendo sido necessário realizar numerosas campanhas para levar as empresas a adotar a tecnologia, mas continuou a haver alguma resistência. O presente estudo pretendia avaliar o efeito das caraterísticas organizacionais, tecnológicas e ambientais na adoção da tecnologia do registo fiscal eletrónico no sector da hotelaria e restauração, com o objetivo de obter informações sobre as possíveis causas da resistência à adoção da tecnologia do registo fiscal eletrónico.

Espera-se que as conclusões deste estudo sejam úteis para a KRA, para os decisores políticos e para os responsáveis pela implementação da mudança na formulação de políticas que acelerem a adoção da tecnologia do registo fiscal eletrónico e de outras tecnologias semelhantes no futuro. Para os investigadores, espera-se que estas conclusões constituam uma base para uma investigação mais aprofundada sobre as relações entre as variáveis susceptíveis de influenciar a adoção de tecnologias, uma vez que foram realizados estudos mínimos sobre a adoção da tecnologia ETR. Para os académicos, o estudo contribui para a produção de mais literatura para análise em estudos subsequentes.

1.8 Pressupostos do estudo

O estudo partiu dos seguintes pressupostos

i.   A adoção da tecnologia ETR não foi fácil no sector da hotelaria no Quénia, tendo havido precedentes de uma resistência generalizada por parte dos empresários em praticamente todos os outros sectores.

ii.   A amostra estudada era representativa da população-alvo dos estabelecimentos hoteleiros.

1.9 Âmbito do estudo

O estudo restringiu-se ao distrito de Uasin Gishu, na província de Rift Valley. O estudo envolveu os funcionários do KRA do Departamento de Impostos Domésticos, Gabinete de Eldoret, que foram entrevistados de modo a fornecerem informações de base pertinentes sobre a utilização dos registos fiscais electrónicos no distrito. Os proprietários/gestores de estabelecimentos hoteleiros de uma amostra de 35 estabelecimentos hoteleiros do distrito também participaram no estudo.

O estudo debruçou-se sobre as caraterísticas tecnológicas, as caraterísticas organizacionais e as caraterísticas ambientais susceptíveis de afetar a adoção de registos fiscais electrónicos pelas empresas do sector da hotelaria e restauração, para além da diretiva governamental que impõe a adoção obrigatória da tecnologia.

1.10 Limitações do estudo

i.   O número de estabelecimentos hoteleiros no distrito dificultou a utilização de todos eles para o estudo, uma vez que isso teria consumido muito tempo e, no entanto, alguns apresentavam caraterísticas semelhantes. Por conseguinte, foi escolhida uma amostra representativa de todo o distrito para efeitos do presente estudo. A amostra escolhida foi considerada representativa, uma vez que foi selecionada entre os diferentes estratos de estabelecimentos hoteleiros do distrito. Também foi representativa porque era composta por mais do que os 30% necessários da população-alvo de 63 estabelecimentos hoteleiros no Distrito reconhecidos pelo Ministério do Turismo.

1.11 O assunto em investigação era muito sensível devido às repercussões legais, pelo que alguns dos inquiridos inicialmente retiveram informações solicitadas nos questionários, acreditando que tinham sido geradas pelo KRA. Foi o caso, nomeadamente, dos proprietários de estabelecimentos hoteleiros. Para encorajar a resposta, o investigador teve de garantir que as informações fornecidas seriam tratadas confidencialmente, para além de o ter escrito nos questionários. Fundamentação teórica

O estudo baseou-se em três teorias, nomeadamente

i.	A teoria da difusão da inovação (DOI), também designada por teoria da difusão da inovação (IDT), avançada por Rogers (1995)

ii.	A teoria unificada da aceitação e utilização da tecnologia (UTAUT) avançada por Venkatesh *et al* (2003)

iii.	O quadro Tecnologia - Organização - Ambiente (T-O-E), avançado por Tornatsky & Fleischer (1990), para isolar os vários factores que afectam a adoção da tecnologia.

Os principais factores dependentes da teoria DOI são o sucesso da implementação ou a adoção da tecnologia, enquanto os seus principais factores independentes são a compatibilidade da tecnologia, a complexidade da tecnologia e a vantagem relativa (necessidade percebida da tecnologia). A teoria DOI considera que os indivíduos possuem diferentes graus de vontade de adotar inovações, que vão desde os inovadores, os primeiros a adotar, a maioria inicial, a maioria tardia e os retardatários (fig.1). Assim, observa-se geralmente que a parte da população que adopta uma inovação é aproximadamente distribuída normalmente ao longo do tempo (Rogers, 1995).

Figura 1.1: Ciclo de vida da adoção de tecnologia

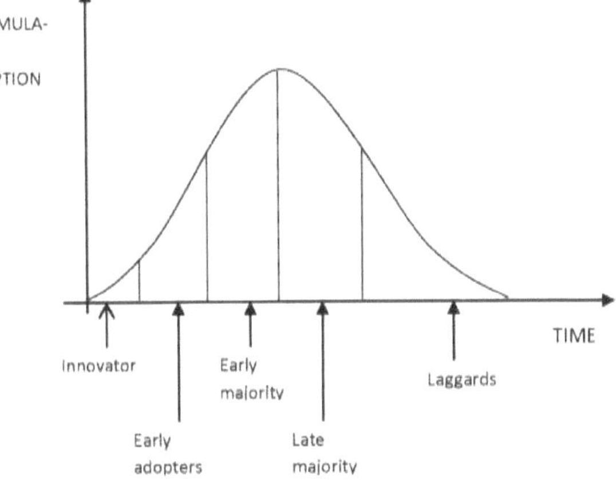

Fonte: Ryan & Gross (1943) citado em Rogers (1995)

A teoria DOI estipula que a taxa de adoção de inovações é influenciada pela vantagem relativa, compatibilidade, experimentabilidade, observabilidade e complexibilidade. A vantagem relativa, a compatibilidade, a experimentabilidade e a observabilidade estão positivamente correlacionadas com a taxa de adoção de tecnologia, enquanto a complexibilidade está negativamente correlacionada com a taxa de adoção.

A teoria da difusão foi popularizada pelo estudo de Jack L. Walker (1969), "The Diffusion of Innovations among the American States". Walker tentou mostrar que a difusão de inovações de estado para estado não podia ser explicada por modelos de despesa tradicionais, mas sim por processos de difusão. Outros estudos que utilizaram a teoria incluem o estudo sobre a adoção da Internet e da tecnologia Web para o marketing hoteleiro realizado na Tailândia (Khemthong & Roberts, 2006). O estudo identificou as diferentes variáveis susceptíveis de afetar a adoção da tecnologia.

Noutros estudos, a teoria da difusão da inovação foi utilizada para investigar a difusão de jogos em linha em Taiwan (Cheng *et al.*, 2004), para avaliar a implementação do intercâmbio eletrónico de dados (Premkumar *et al.*, 1994), para avaliar a influência da gestão na implementação de novas tecnologias (Leonard-Barton & Deschamps, 1988), para avaliar a influência dos concorrentes e dos vendedores na adoção de aplicações inovadoras no comércio eletrónico pelas empresas. A investigação tem constatado consistentemente que a compatibilidade técnica, a complexidade técnica e a vantagem relativa são factores importantes para a adoção de inovações.

A teoria DOI é adequada para a análise da adoção e difusão de tecnologia por grupos, empresas, indústrias e sociedades e tem sido utilizada de forma variada em estudos que avaliam a adoção de tecnologia e, quando ilustrada, assume a forma de um S, em que existem alguns adoptantes iniciais cujo número aumenta com o tempo, tal como ilustrado na figura 2.

Figura 1.2: A teoria DOI

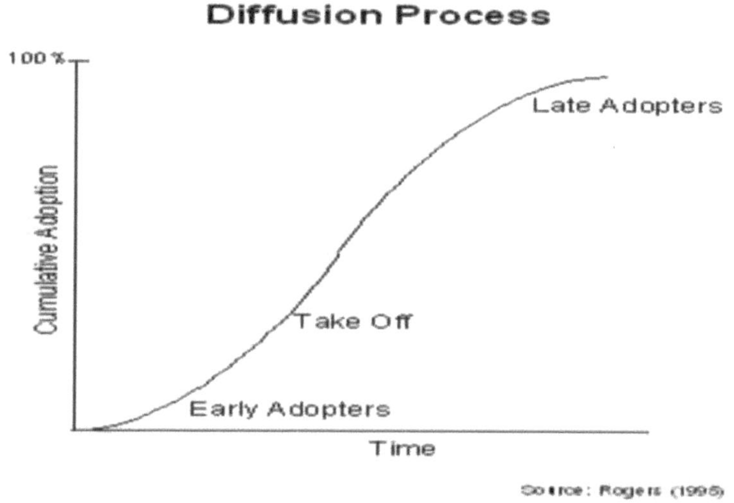

A teoria UTAUT (fig. 3) tem como principais factores dependentes a intenção comportamental e o comportamento de utilização, enquanto a expetativa de desempenho, a expetativa de esforço, a influência social, as condições facilitadoras, o género, a idade, a experiência e a voluntariedade da utilização são os principais factores independentes. O UTAUT visa explicar as intenções dos utilizadores de utilizar a tecnologia e o comportamento de utilização subsequente. Defende que a expetativa de desempenho, a expetativa de esforço, a influência social e as condições facilitadoras são determinantes diretos da intenção e do comportamento de utilização. O género, a idade, a experiência e a voluntariedade da utilização são considerados mediadores do impacto dos quatro factores principais na intenção e no comportamento de utilização (Venkatesh *et al.*, 2003).

A teoria UTAUT é adequada para a análise individual e foi utilizada por Garfield (2005) no seu artigo "Acceptance OfUbiquitous computing" e Venkatesh *et al.*, (2003) no seu artigo seminal sobre "User acceptance of information technology: Toward a unified view" (Para uma visão unificada). Para este estudo, é utilizado para realçar os atributos organizacionais no quadro tecnológico-organizacional-ambiental. As condições facilitadoras, que incluíam a atitude dos proprietários em relação à legislação, a disponibilidade de recursos e a influência social, foram classificadas como factores independentes.

FIGURA 1. 3: A TEORIA DE UTAUT

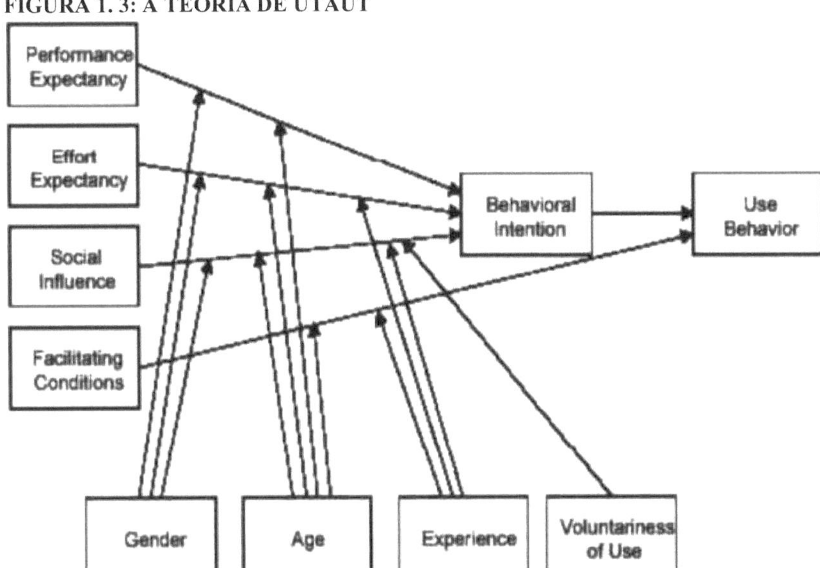

Fonte: Venkatesh *et al.*, (2003)

A teoria DOI foi adoptada para este estudo para avaliar o ritmo a que os estabelecimentos hoteleiros estavam a adotar a tecnologia ETR. Um aviso legal que apelava à adoção obrigatória da tecnologia ETR por todas as empresas encontrou uma forte resistência, mas com o tempo estas tiveram poucas opções a não ser cumprir, na sequência da necessidade sentida pela KRA de ter as máquinas ETR instaladas para facilitar a administração do IVA no país. Inicialmente, tinha sido realizado um estudo-piloto sobre a adoção do ETR em Nairobi, no entanto, este foi posteriormente alargado, pelo que todas as empresas foram obrigadas a adotar a nova tecnologia, apesar da resistência que demonstraram.

1.12 Quadro concetual

Figura 1.4: Factores que influenciam a adoção da tecnologia de registo fiscal eletrónico pelos estabelecimentos hoteleiros

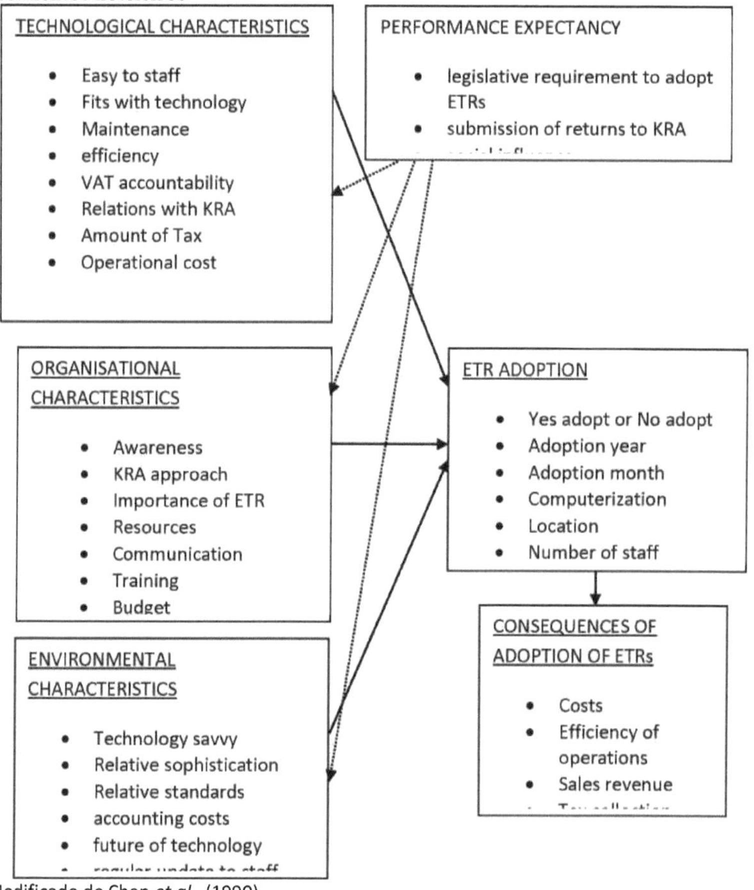

Fonte: Modificado de Chen *et al.,* (1990)

* No entanto, o estudo utilizou uma amostra dos factores identificados, uma vez que se centrou principalmente nas variáveis independentes das caraterísticas tecnológicas, organizacionais e ambientais, deixando de fora as variáveis intermédias da expetativa de desempenho e as consequências da adoção. Além disso, foi selecionado um determinado número de variáveis em

cada caraterística independente para análise.

O quadro concetual identifica as caraterísticas tecnológicas, as caraterísticas organizacionais e as caraterísticas ambientais como as variáveis independentes, enquanto a adoção da tecnologia ETR é a variável dependente. A relação entre as variáveis independentes e a adoção da tecnologia ETR deveria ser influenciada por variáveis externas de expetativa de desempenho. Após a adoção ou a não adoção, esperava-se que os estabelecimentos hoteleiros enfrentassem determinadas consequências.

A adoção da tecnologia ETR, que era uma tecnologia relativamente nova, estava a ser adoptada em resultado da necessidade do governo de cobrar impostos de forma eficaz. Esta tecnologia estava a provocar uma possível mudança no comportamento das empresas do sector da hotelaria e restauração. Provavelmente, havia empresas que iriam adotar rapidamente a nova tecnologia, tornando-se assim os primeiros a adoptá-la, enquanto outras levariam algum tempo a adoptá-la, tornando-se assim os adoptantes tardios, tal como descrito no ciclo de vida da tecnologia.

O ritmo a que as empresas hoteleiras adoptaram a nova tecnologia foi ditado pelas caraterísticas organizacionais dos estabelecimentos, tais como o conhecimento da tecnologia, a atitude em relação à abordagem KRA, a importância das ETR, a dotação de recursos, a comunicação, a formação do pessoal, as considerações orçamentais, entre outras.

As caraterísticas tecnológicas, como a facilidade de utilização pelo pessoal, a compatibilidade/adaptação à tecnologia, os custos de manutenção, a eficiência da tecnologia, a melhoria da responsabilização pelo IVA, as relações resultantes com o pessoal da KRA, o montante dos impostos pagos e os custos operacionais resultantes da utilização da tecnologia ETR, foram também avaliadas para determinar o grau da sua influência na adoção.

As caraterísticas ambientais do estabelecimento, como o conhecimento da tecnologia, ser considerado sofisticado, ter padrões mais elevados, os custos contabilísticos resultantes, o futuro previsto da tecnologia ETR e a frequência das actualizações para o pessoal, foram avaliadas para determinar o seu efeito na adoção da tecnologia pelos estabelecimentos hoteleiros

Partiu-se do princípio de que o desempenho esperado das máquinas ETR em resultado do requisito legislativo influenciaria o processo de tomada de decisão sobre a adoção ou não, por exemplo, a necessidade de apresentar relatórios periódicos à KRA sobre as receitas, a comunicação de cortes de energia e a influência social em termos do comportamento e das decisões de outros proprietários de estabelecimentos hoteleiros.

A adoção da tecnologia ETR resultou de uma exigência legislativa, mas, apesar disso, as caraterísticas organizacionais, tecnológicas e ambientais influenciaram o ritmo real de adoção da tecnologia. A adoção daria origem a consequências/resultados que resultariam da exigência legislativa, criando assim uma inter-relação entre a adoção da tecnologia ETR e as consequências da adoção, mas esta relação não seria avaliada no âmbito do presente estudo.

CAPÍTULO DOIS
REVISÃO DA LITERATURA

2.0 Introdução

Este capítulo aborda a literatura relacionada com a tributação e os factores que influenciam a adoção de tecnologia em vários sectores, no que se refere ao estudo. No entanto, para colocar o estudo em perspetiva, o estudo centra-se na literatura de estudos que abrangem outras formas de tecnologia e, em seguida, relaciona-a com a adoção de ETRs por estabelecimentos hoteleiros.

2.1 Modelos de tributação e conformidade

Normalmente, os países exercem jurisdição sobre os seus cidadãos em termos de tributação. A tributação é efectuada com base em diferentes fundamentos, como o rendimento, o consumo, o armazenamento e a propriedade, entre outros. Geralmente, os países têm políticas fiscais muito abrangentes que abordam, entre muitas outras coisas, os tipos de impostos e o modo de tributação.

Quando os impostos são impostos pelo governo, reflectem-se no preço do produto e, dependendo da elasticidade da procura do produto, a totalidade da carga fiscal ou uma parte dela pode ser transferida para o consumidor final do produto.

O Imposto sobre o Valor Acrescentado (IVA), um dos principais impostos no Quénia, é um imposto indireto, uma vez que incide sobre os bens e serviços, pelo que a sua base tributária são os produtos sobre os quais incide e, normalmente, é aplicado como uma percentagem do valor do produto. Na prática, o IVA aplica-se a uma vasta gama de bens e serviços. Consequentemente, a cobertura abrangente do IVA minimiza a distorção das escolhas, ou seja, tem efeitos substancialmente neutros sobre os preços relativos (Hardwick *et al.,* 1990). A sua ampla cobertura significa também que a substituição de bens não tributados é limitada, o que permite às empresas transferir o imposto para os consumidores finais. Neste caso, a reatividade às variações de preços resultantes do IVA é inelástica, uma vez que o campo de escolha é limitado.

O pressuposto dos governos é que todos os produtores ou prestadores de serviços cumprirão a cobrança do IVA, tornando-o assim um imposto muito popular para os governos devido à sua ampla base. No entanto, o cumprimento total nem sempre é alcançado devido a variações na carga financeira do contribuinte, no nível de confiança em relação ao sistema de administração fiscal, no conhecimento que os contribuintes têm das obrigações fiscais, nas regulamentações existentes no sector e nas políticas governamentais (Agengo, 2006). Por outro lado, existe um impulso para o cumprimento devido aos riscos de ser objeto de uma auditoria, ao receio de uma ação judicial por parte das autoridades fiscais e aos incentivos fiscais concedidos.

A melhor forma de avaliar o conceito de cumprimento das obrigações fiscais é ter em conta a utilidade esperada pelo contribuinte (Allingham, 1972; Agengo, 2006). Argumenta-se que, na tentativa de maximizar a sua utilidade, os indivíduos cometem erros sistemáticos, como o não pagamento de impostos, e, a longo prazo, acabam por desenvolver um comportamento de incumprimento. Além disso, os indivíduos preocupam-se sobretudo com o seu consumo privado e, consequentemente, não se preocupam com os bens e serviços públicos produzidos pelos recursos obtidos através do sistema fiscal.

O modelo temporal emprega a analogia da cenoura e do pau para explicar a autoridade exercida pela autoridade fiscal através de auditorias àqueles que não cumprem a legislação fiscal, uma vez que se espera que, se um contribuinte for auditado e apanhado a fugir ao imposto do ano em curso, as penalizações por incumprimentos anteriores também serão incorridas, o que constitui o "pau" (Agengo, 2006).

Para explicar melhor a relação entre os contribuintes e a administração fiscal, é utilizado o modelo do gato e do rato. Neste modelo, parte-se do princípio de que cada uma das partes tem conhecimento da motivação e dos interesses da outra, ou seja, os contribuintes pretendem maximizar a utilidade, enquanto a administração fiscal tem por objetivo maximizar as receitas líquidas. Os contribuintes têm em conta este facto quando elaboram estratégias com a autoridade fiscal para controlar os que declaram rendimentos baixos (Allingham, 1972; Agengo, 2006). Por conseguinte, ambas as partes desconfiam das acções e estratégias da outra.

Agengo (2006) avaliou os factores que afectam o cumprimento das obrigações fiscais por parte dos contribuintes das empresas do município de Eldoret, daí a relevância da literatura para este estudo.

Ao contrário do estudo de Agengo, que se debruçou em geral sobre o cumprimento das obrigações fiscais, este estudo limitou-se ao cumprimento das ETR entre os estabelecimentos hoteleiros do distrito de Uasin Gishu.

2.2 Efeito da tributação na procura turística

De acordo com Ryan (2003), a procura de turismo é determinada pelo preço do turismo, pelos preços de outros bens, pelo rendimento e pelos gostos, tal como expresso pela função

$$D_t = f(P_t, P_i \ldots\ldots\ldots\ldots\ldots P_n, Y, T)$$

Onde:-

D_t - Procura turística

P_t - Preço do turismo

$P_i \ldots\ldots P_n$ - São os preços de outros bens e serviços

Y - Rendimento

T - Gostos

Enquanto o custo do alojamento, que é um serviço relacionado com o turismo, é determinado pelos custos dos hoteleiros e pelas taxas de câmbio, tal como expresso pela função

$$C_a = f(H, X)$$

Onde:-

C_a -Custos de alojamento

H - Custos dos hoteleiros

X - Taxas de câmbio.

Os custos dos hoteleiros podem ser muito dinâmicos, por exemplo, a rentabilidade dos hotéis pode ser afetada por movimentos que nada têm a ver com as condições comerciais reais ou mesmo com os custos operacionais diretos. Por exemplo, os hoteleiros aumentam os preços dos serviços que prestam em resposta à introdução de um imposto sobre bens e serviços pelos seus governos.

Foram efectuados estudos sobre o impacto da taxa sobre os quartos de hotel no comportamento dos visitantes e sobre o potencial que poderia ser gerado por essa taxa. Estes estudos destacaram o efeito da taxa turística nos preços e na procura turística. Verificou-se que quanto maior for a proporção da taxa hoteleira suportada pelos turistas, maior será o efeito sobre a procura.

Além disso, Tisdell (2000) menciona os aspectos da diferenciação dos produtos, por exemplo, jogos de azar, preços de pacotes especiais e publicidade, como alguns dos esforços empreendidos para atrair turistas para os hotéis, a fim de evitar e atenuar os casos de evasão fiscal dos visitantes. Outros estudos relacionados abordaram os efeitos da fixação de preços no número de hóspedes e na procura de quartos.

Assim, pode concluir-se que os impostos têm um efeito negativo na procura turística, uma vez que tendem a afetar os preços dos bens e serviços, fazendo-os subir. Esta conclusão é retirada da lei da procura, segundo a qual se espera que o aumento dos preços, devido aos impostos, conduza a uma diminuição da procura de serviços turísticos e vice-versa.

2.3 Modelos de difusão da inovação e fases de adoção

A partir da literatura analisada, foram destacados vários modelos de difusão da inovação. Estes incluíam o modelo geral versus o modelo específico de domínio, o modelo concetual versus o modelo matemático, o modelo centrado na inovação versus o modelo dos adoptantes, o modelo organizacional versus o modelo individual, o modelo de processo versus o modelo de resultados, o modelo de proximidade versus o modelo de rede e o modelo orientado para a taxa versus o modelo de limiar.

Vários teóricos analisaram a adoção de tecnologias em diversas áreas, alguns aplicaram os modelos existentes, enquanto outros tentaram melhorá-los para explicar melhor a difusão das inovações. Os teóricos originais foram Gabriel Tarde (1903), que avançou com a curva em forma de S para explicar a difusão dos processos de inovação, Ryan e Gross (1943), que destacaram as categorias de adoptantes como Inovadores, Adoptantes Precoces, Maiorias Precoces/Tardias e Retardatários. Katz (1957) introduziu os aspectos dos media e a ideia de líderes de opinião e seguidores de opinião (Rodgers, 1995).

Hagerstrand (1965) estudou a difusão do milho híbrido entre os agricultores e baseou o modelo de estudo na proximidade dos agricultores e na probabilidade de adoção. Bass (1969) utilizou equações diferenciais emprestadas da física para modelar a difusão de inovações, criando o modelo de Bass, que foi posteriormente simplificado e alargado para ter dois parâmetros, ou seja, o interno e o externo, tal como avançado por Mahajan & Peterson (1985). Midgley e Dowling (1978) desenvolveram o modelo de Contingência (Rodgers, 1995).

Abrahamson & Rosenkopf (1990) discutem os conceitos de "bandwagons" e "limiares" comparando a eficiência racional com as teorias das modas. Argumentam que quanto mais organizações adoptam uma inovação, mais conhecimentos sobre a verdadeira eficiência da inovação são divulgados, ou seja, a eficiência racional e, por outro lado, o grande número de adoptantes cria "pressões de bandwagon". Assim, as instituições podem exercer pressão sobre os outros, fazendo com que a adoção pareça uma norma social. Além disso, argumentam que as pressões competitivas, como o receio de perder vantagens competitivas, podem levar as instituições a adotar.

Valente (1996) discute os limiares das redes sociais com foco específico nos limiares das redes pessoais. Estes limiares são responsáveis por alguma variação no tempo total de adoção, em que o limiar se refere ao número de membros da rede de uma pessoa que têm de ter adotado antes de a pessoa adotar. Normalmente, os "líderes de opinião" têm limiares mais baixos e influenciam indivíduos com limiares mais elevados

A teoria clássica da difusão, associada a Everett M. Rogers, foi revista e constituiu a base teórica do estudo. Rodgers define a difusão como "o processo pelo qual uma inovação é comunicada através de certos canais ao longo do tempo entre os membros de um sistema social" (Rogers, 1995). A inovação, por sua vez, é vista como sendo relativa ao adotante. É vista como qualquer "ideia, prática ou objeto que é percebido como novo por um indivíduo ou outra unidade de adoção". Rogers (1995) descobriu que a adoção precoce estava associada a três factores: importância, espaço e tempo. Rodgers afirmou que os locais mais importantes tendem a adotar mais cedo, e que os locais mais próximos de uma inovação tendem a adotar mais cedo do que os mais afastados (apoiado por Hagerstrand, 1967).

A tecnologia é adoptada por fases, sendo a fase inicial a automatização, em que são realizadas utilizações óbvias da tecnologia, a fase de informação, em que são obtidas novas informações através da utilização da tecnologia, e a fase de transformação, em que a tecnologia é integrada no tecido da organização. Nesta fase, a utilização da tecnologia é extensiva, complexa e conduz ao desenvolvimento de novos processos (Morton, 1991; Gretzel & Fesenmaier, 2000).

Rogers (1995), na sua tese sobre a difusão da inovação, identifica a sensibilização, o interesse, a avaliação, a experimentação e a adoção como as cinco fases da adoção. Na primeira fase, o indivíduo é exposto à inovação, mas não tem informação completa sobre ela, daí a criação da consciencialização. A segunda fase é quando o indivíduo se interessa pela nova ideia e procura informação adicional sobre ela. Na terceira fase, o indivíduo aplica mentalmente a inovação à sua situação atual e à sua situação futura prevista e, em seguida, toma a decisão de a experimentar ou não. A quarta fase da adoção da inovação envolve a experimentação efectiva da inovação, utilizando-a plenamente. Finalmente, a adoção ocorre quando o indivíduo consegue uma utilização plena e contínua da tecnologia. Estas fases são importantes para compreender em que fase se encontram as empresas em termos de adoção da tecnologia ETR.

A taxa de adoção segue uma curva logística em forma de S, com aumentos lentos das adopções até se atingir um ponto de viragem, em que as adopções aceleram rapidamente, atingindo depois um patamar e aumentando apenas lentamente até chegar aos últimos adoptantes. Os tipos de adoptantes podem assim ser caracterizados, por ordem, como inovadores, adoptantes iniciais, maioria inicial, maioria tardia e retardatários (Rogers, 1995).

2.4 Aplicação da Teoria da Inovação de Difusão

A teoria foi utilizada para traçar a difusão de uma inovação. Torsten Hagerstrand defende que as inovações são ideias que devem ser comunicadas e que os agentes de difusão ou portadores da nova informação são os seres humanos. Estas ideias devem ser difundidas através do espaço, que é uma região do mundo. Hagerstrand traça o processo de difusão imitando-o com números. Esta imitação, que leva à previsão do padrão de difusão, chama-se simulação de difusão (Hagerstrand, 1967).

O modelo de Hagerstrand mostra a distribuição espacial do número de indivíduos que aceitam uma determinada inovação após um ano de observação e, a partir do segundo ano, mostra um mapa da mesma região e do padrão de aceitantes com base em provas reais. Note-se que o padrão num momento posterior mostra tanto a expansão espacial como o preenchimento espacial (uso mais concentrado e maior densidade por unidade de área de terra). Estes dois últimos conceitos são conceitos duradouros que aparecem repetidamente na análise espacial e que informam este estudo.

2.5 Identificação das caraterísticas que influenciam a adoção de tecnologia

Foram realizados estudos sobre a forma como vários sectores adoptaram novas tecnologias e os investigadores apontaram diferentes factores que determinam a forma como as partes interessadas adoptaram as tecnologias. Os investigadores isolaram uma série de variáveis susceptíveis de influenciar a adoção de tecnologias. Por exemplo, as competências adequadas, os níveis adequados de sensibilização para as TI e as estruturas organizacionais adequadas foram identificados como determinantes da adoção de tecnologias (Sigala, 2004; Odunga *et al.,* 2007).

Além disso, o valor percebido, que se reflecte na avaliação que o consumidor faz do seu sacrifício em termos de dinheiro, tempo e esforço, e o que recebe em termos de produto, imagem, qualidade e conveniência, são identificados como susceptíveis de influenciar a adoção (Chen, 2000; Odunga *et al.,* 2007). Outras caraterísticas identificadas como afectando a adoção da Internet incluem a segurança da transmissão, a credibilidade da informação, a propriedade intelectual e os direitos de cópia, as limitações da largura de banda e da velocidade, a confusão e a insatisfação dos utilizadores, a falta de especialistas com formação adequada, a igualdade de acesso e os preços (Buhalis1998; Odunga *et al.*, 2007).

O nível de desenvolvimento de um país também tende a afetar as capacidades de adoção das empresas individuais. As PME, por exemplo, podem não utilizar plenamente a tecnologia proveniente de países desenvolvidos devido a capacidades institucionais inadequadas para apoiar a sua adaptação e absorção, tais como formação, investigação, locais de demonstração de modelos e acesso ao crédito (Tarus *et al.*, 2007). Este estudo ajuda a perspetivar as condições que podem estar a atrasar a adoção da tecnologia ETR pelas empresas hoteleiras, não só no Quénia, mas também em África, que constitui principalmente o país menos desenvolvido.

Na adoção das TIC e do comércio eletrónico na indústria hoteleira, as questões que afectam a adoção podem ser separadas em três grupos: caraterísticas da dimensão da propriedade e estrutura de gestão (Signaw *et al.*, 2000; Paraskeras & Buhalis, 2002; Sigala, 2003; Mistilis *et al,* 2004), caraterísticas dos proprietários/gestores, incluindo o nível de educação, idade, conhecimentos técnicos e formação (Van Hoof & Combrink, 1998; Van Hoof *et al.*, 1999; Mistilis *et al.*, 2004), benefícios e barreiras percebidos, incluindo custos percebidos, benefícios ou vantagens e barreiras à utilização (Garces *et al.*, 2004; Buhalis & Deimezi 2004). Estes estudos específicos destacaram os principais factores do contexto organizacional e parecem ignorar o contexto tecnológico e ambiental.

A adoção de tecnologias no sector agrícola tem sido objeto de investigação por parte dos investigadores. Um estudo sobre a utilização da Internet e os factores que afectam a adoção de aplicações Internet pelas explorações agrícolas de cana-de-açúcar na região central de Kwazulu Natal identificou como factores que afectam as decisões de adoção da Internet pelos agricultores as caraterísticas do principal decisor agrícola, tais como a idade e o nível de educação, a dimensão da empresa, as implicações dos custos de oportunidade, por exemplo, o tempo de poupança de tecnologia, e as percepções dos decisores sobre a influência da tecnologia e das suas aplicações (Ferrer *et al.*, 2003).

Verificou-se que a perceção de uma maior eficiência leva à implementação da nova tecnologia (Henderson *et al.*, 2000; Ferrer *et al.*, 2003). Por conseguinte, pode presumir-se que, se os benefícios percebidos da adoção das ETR forem grandes, os proprietários de estabelecimentos hoteleiros tomarão provavelmente a decisão de as adotar mais cedo e vice-versa.

Um estudo empírico sobre os factores que afectam a adoção de tecnologias de comércio eletrónico pelas pequenas empresas na Austrália identificou os factores que afectam a adoção de tecnologia pelas pequenas empresas como sendo os relacionados com o proprietário, como as caraterísticas do gestor, os benefícios percebidos, a literacia informática, a assertividade e as normas subjectivas, e os relacionados com as caraterísticas das empresas, como a prontidão organizacional, a pressão externa para adotar, a dependência do fornecedor, a sofisticação estrutural, o sector industrial, o nível de intensidade da informação, o retorno do investimento e os custos de adoção da tecnologia (Akkeren & Cavaye, 1999).

A necessidade de as empresas turísticas redefinirem a sua forma de atuar tem sido investigada à luz das numerosas oportunidades disponíveis, das inovações e dos ciclos mais curtos dos produtos, que trazem consigo novos desenvolvimentos tecnológicos. Estas tecnologias têm de ser rapidamente implementadas e integradas nas estruturas e nos processos das empresas, de modo a obterem uma vantagem competitiva (Gretzel & Fesenmaier, 2000).

O dinamismo com que as empresas adoptam as novas tecnologias determina se uma empresa se manterá à frente dos seus concorrentes. Os principais factores determinantes do ritmo de adoção são identificados como o ambiente organizacional, a liderança, a cultura, a estrutura, a gestão da mudança, a gestão do conhecimento e a aprendizagem, a utilização das TI e a capacidade de mudança da organização (Gretzel & Fesenmaier, 2000). Gretzel & Fesenmaier indicam ainda que a falta de tempo, o custo do equipamento e a falta de conhecimentos internos são obstáculos à utilização eficaz da tecnologia adoptada.

A incapacidade dos responsáveis pela implementação de identificar e gerir a resistência às mudanças que a nova tecnologia quase inevitavelmente trará constitui um possível obstáculo. A resistência é identificada como um grande obstáculo ao êxito da implementação da tecnologia (Halley, 1997). A falta de controlo, a vulnerabilidade, a falta de visão e os conflitos culturais são identificados como algumas das causas da resistência.

Um estudo sobre a mudança tecnológica e a interdependência das operações comerciais afirma que o ramo de atividade de uma organização determinará se esta adopta ou não a tecnologia. Por exemplo, as tecnologias podem ser consideradas perturbadoras por uma empresa e sustentadoras por outra, o que leva a que a primeira adopte a tecnologia enquanto a segunda a evita (Anders, 1996).

Além disso, quando as empresas adoptam novas tecnologias, tornam-se fornecedores de tecnologia. Nesse caso, é-lhes acrescentado um nível extra de dificuldade na adoção de tecnologia, uma vez que têm de alterar as suas operações para poderem assumir o novo papel. O estudo referido é importante para o presente estudo, uma vez que reconhece o papel que as empresas podem desempenhar para se influenciarem mutuamente na adoção de novas tecnologias.

2.6 Categorização das caraterísticas que influenciam a adoção de tecnologia utilizando a Quadro T-O-E

Os factores susceptíveis de influenciar a adoção de tecnologia são, por conseguinte, principalmente categorizados em três grupos de caraterísticas, ou seja, organizacionais, de inovação e ambientais (Khemthong e Roberts, 2006). Os factores organizacionais incluem a dimensão do hotel, o apoio da gestão de topo, a prontidão organizacional, a atitude do decisor e o conhecimento como variáveis. As variáveis do fator inovação ou tecnologia incluíam a perceção dos benefícios e das barreiras, a compatibilidade e a complexidade da nova tecnologia e a imagem resultante da adoção. Os factores ambientais incluíam como variáveis a intensidade da concorrência, o poder do cliente, o nível de apoio governamental e o nível de apoio tecnológico (Khemthong & Roberts, 2006).

Verificou-se que os factores de cada categoria têm diferentes níveis de influência na adoção de tecnologia por diferentes empresas. Vários estudos utilizaram o quadro tecnológico-organizacional-ambiental proposto por Tornatzky & Fleischer (1990), que analisa os factores do contexto tecnológico, do contexto organizacional e do contexto ambiental externo.

Tornatzky e Fleischer (1990) argumentaram que a adoção é tratada como um compromisso entre os custos e os benefícios em causa. Por esta razão, os estabelecimentos hoteleiros que utilizavam tecnologias relacionadas ou compatíveis com as ETR eram susceptíveis de adotar mais cedo, dado que os seus custos de adoção seriam relativamente menores. A perceção dos benefícios e dos obstáculos pode, assim, ser considerada como a perceção das caraterísticas das ETR.

O contexto organizacional centra-se mais no ambiente interno da organização. Estudos anteriores identificaram a dimensão, o âmbito, a formalização, a centralização, os recursos financeiros e a cultura organizacional como factores prováveis a investigar no que respeita à adoção de tecnologia (Chau & Tam, 1997; Ryan *et al.*, 2000; Xu *et al.*, 2004). Após a investigação, verificou-se que a dimensão da empresa, especificamente em termos de número de empregados, não influenciava a adoção de tecnologia. No entanto, é mais provável que o âmbito influencie a adoção de tecnologia. Os estudos de Zhu *et al.* (2002) também observaram que diferentes empresas tinham culturas organizacionais diferentes umas das outras.

CAPÍTULO TRÊS
CONCEPÇÃO E METODOLOGIA DA INVESTIGAÇÃO

3.0 Introdução

Este capítulo aborda a metodologia de investigação para este estudo. Começa por descrever a área de estudo, a população de estudo e a população-alvo. A dimensão da amostra e os procedimentos são também destacados. A conceção da investigação e os instrumentos de recolha de dados são também discutidos. Finalmente, o capítulo analisa a fiabilidade e a validade dos instrumentos utilizados na recolha de dados e a forma como os dados foram analisados.

3.1 Área de estudo

Este estudo foi efectuado no distrito de Uasin Gishu, na província do Vale do Rift. A cidade de Eldoret é o seu centro administrativo. O distrito está situado entre a longitude 34° 50 'E e 350 37' E e a latitude O⁰ 03' e O⁰ 55' N. Tem uma altitude entre *7000* e 9000 pés acima do nível do mar. A sua população era de 682 342 pessoas em 2002, com uma taxa de crescimento de 3,35%. A cidade de Eldoret forma um conselho municipal que tem treze alas (Plano de Desenvolvimento do Distrito de Uasin Gishu, 2002-2008).

Uasin Gishu tem várias actividades económicas, entre as quais a cultura do milho em grande escala, a cultura do trigo e a criação de gado leiteiro. Além disso, são também desenvolvidas várias actividades comerciais, uma vez que Eldoret é a capital administrativa da região do Norte. As principais auto-estradas que ligam o Quénia ao Sudão, ao Uganda e a outros Estados da África Central passam pela cidade, o que faz com que esta receba um grande número de viajantes que se dirigem a esses Estados. A cidade é também conhecida pelos seus corredores de longa distância, que constituem uma atração turística desportiva fundamental.

Para dar resposta ao grande número de viajantes, estavam em funcionamento vários estabelecimentos hoteleiros, nomeadamente o Sirikwa Hotel, o Eldoret Wagon Wheel Hotel, o Eldoret White Castle, o Klique, o Mahindi Hotel, o Spring Park Hotel, o Grandpri Hotel, entre outros. Estes estabelecimentos tinham diferentes classificações, estando alguns localizados na zona central de negócios e outros na periferia da cidade, embora ao longo das principais estradas que conduzem à saída da cidade.

3.2 A população do estudo

O distrito de Uasin Gishu tinha uma série de estabelecimentos hoteleiros que iam desde quiosques de comida a hotéis classificados com estrelas. Na altura do estudo, os registos do Ministério do Turismo, gabinete regional do North Rift, indicavam que Uasin Gishu tinha 63 estabelecimentos hoteleiros registados, dos quais apenas 2 tinham sido classificados, o que corresponde a 5,715% da população do estudo. Os estabelecimentos eram principalmente hotéis de média dimensão e casas de hóspedes, muitos dos quais ofereciam refrescos, alimentos e bebidas alcoólicas para além dos serviços de alojamento. O número médio de camas era de cerca de 20 camas, embora alguns tivessem mais de 50 camas e o mais elevado tivesse uma capacidade de 210 camas.

3.3 População-alvo

O estudo visou, em geral, os sessenta e três hotéis listados pelo Ministério do Turismo. Além disso, no âmbito da amostra selecionada, os dois hotéis classificados foram propositadamente escolhidos para inclusão devido ao seu estatuto reforçado e à sua importância como portadores de turismo. Os estabelecimentos hoteleiros da zona comercial central e da periferia da cidade foram igualmente selecionados para o estudo.

3.4 Dimensão da amostra e procedimentos de amostragem

Gay (1976) afirma que o número mínimo de indivíduos aceitável para um estudo depende do tipo de investigação em causa. Quando um estudo tem por objetivo estabelecer uma relação entre variáveis através de correlação, como foi o caso deste estudo, considera-se mínimo uma amostra de 30% da população-alvo. Mugenda e Mugenda (1999) observam ainda que, quando um estudo lida com uma população-alvo heterogénea, é necessário um mínimo de 30%.

O estudo adoptou as diretrizes de amostragem de Stoker, citadas por Fouche & Delport (1998), para determinar a amostra de toda a população-alvo. A população foi dividida em estratos e foram selecionadas amostras de todos os estratos. Isto foi feito para garantir que todos os estratos da área de estudo estivessem representados e que todas as considerações de dimensão e importância fossem tidas em conta.

Dado que os estabelecimentos hoteleiros em Uasin Gishu são heterogéneos em termos de serviços oferecidos, gestão e localização, e que o estudo procurou correlacionar determinadas variáveis identificadas com a adoção de tecnologias ETR pelas empresas hoteleiras, o estudo exigiu um mínimo de 30% da população-alvo para a amostra.

O estudo recorreu a uma amostragem intencional, estratificada e aleatória simples para obter a amostra do estudo. A amostragem intencional foi utilizada para escolher o distrito de Uasin Gishu como área de estudo, dado o seu estatuto de distrito anfitrião da cidade de Eldoret, que é um centro turístico da região do North Rift. A cidade é uma paragem importante para os turistas no circuito turístico ocidental. Estas caraterísticas únicas levaram o investigador a optar por Uasin Gishu, tendo em conta que existiam muitos outros distritos que poderiam ter sido considerados para estudo.

Os estabelecimentos hoteleiros do distrito foram divididos em grupos estratificados, consoante se encontravam no Central Business District ou fora dele. Foi então utilizada uma amostragem aleatória simples para selecionar um total de 35 (55,52%) estabelecimentos dos diferentes estratos, conforme ilustrado abaixo;-

QUADRO 3.1: POPULAÇÃO DO ESTUDO E DIMENSÃO DA AMOSTRA

STRATA	POPULAÇÃO	NÃO. AMOSTRADA	%
DENTRO DO CBD	29	16	55.17
FORA DA CBD	34	19	55.88
TOTAL	63	35	55.52

Além disso, foi utilizada uma amostragem intencional para recrutar dois diretores de hotel em cada um dos estabelecimentos visados.

De igual modo, foram realizadas entrevistas estruturadas a dois funcionários superiores da KRA com o objetivo de obter informações de base para o estudo. Estes inquiridos foram contactados através do comissário da KRA responsável pelo gabinete de Eldoret. Consequentemente, a entrevista foi efectuada a um comissário adjunto ligado ao departamento de impostos internos e a um gestor ligado ao mesmo departamento.

O estudo visou assim um total de 72 inquiridos.

3.5 Conceção da investigação

A conceção da investigação é definida como o plano ou esboço para a realização de um estudo de forma a exercer o máximo controlo sobre os factores que poderiam interferir com a validade dos resultados da investigação, ou seja, o plano global do investigador para obter respostas às questões que orientam o estudo (Polit & Hungler, 1999). Este estudo seguiu uma abordagem multifásica, tal como descrita por Churchill (1979; 1991). Isto envolveu uma pesquisa bibliográfica, um inquérito por questionário e uma conceção de investigação explicativa, bem como um pré-teste que ajudou a aperfeiçoar os instrumentos antes de serem administrados.

O inquérito por amostragem foi escolhido devido à natureza do estudo. Os inquéritos tentam recolher dados de membros da população para determinar a situação atual dessa população em relação a uma ou mais variáveis. As amostras foram escolhidas com o objetivo de investigar as relações entre as caraterísticas organizacionais, as caraterísticas tecnológicas, as caraterísticas ambientais e a adoção da tecnologia ETR pelos estabelecimentos hoteleiros. Ao fazê-lo, caraterísticas específicas, como a sensibilização para a tecnologia ETR, a abordagem utilizada pela KRA para introduzir as máquinas, a importância percebida, a formação do pessoal, a sofisticação do utilizador, o efeito nos custos contabilísticos, a facilidade com que o pessoal pode utilizar as máquinas, foram correlacionadas com a adoção da tecnologia ETR. As consequências da adoção da tecnologia ETR também deviam ser destacadas como forma de cobrir os benefícios e as deficiências da tecnologia para os utilizadores e os comerciantes.

A conceção escolhida permitiu uma recolha rápida de dados e também permitiu compreender toda a população através do estudo de uma parte dela, uma vez que se baseia no pressuposto de que as caraterísticas apresentadas pelas amostras selecionadas reflectem as da população, permitindo assim fazer inferências sobre a população.

A investigação por inquérito é adequada para a realização de uma investigação económica extensiva e, por conseguinte, é um dos métodos mais frequentemente utilizados para recolher informações sobre as atitudes, opiniões e hábitos das pessoas.

A conceção do inquérito por amostragem pode sofrer de erros de amostragem, uma vez que as caraterísticas da amostra nunca podem ser uma réplica exacta da população, mas isso pode ser insignificante tendo em conta os contributos da conceção para o estudo e, em última análise, para a produção de conhecimentos.

3.6 Instrumentos de recolha de dados

O estudo teve como objetivo recolher dados secundários e primários. Para facilitar a recolha de dados, foram utilizados questionários, entrevistas e análise de documentos para recolher informações junto dos diferentes inquiridos visados pelo estudo.

3.6.1 Questionários

Um conjunto de questionários foi concebido para o estudo e foi administrado aos diretores dos estabelecimentos hoteleiros. Foi pedido a dois gestores de cada estabelecimento que preenchessem o questionário, com o objetivo de ajudar o investigador a cruzar e confirmar as respostas dadas pelo pessoal do mesmo estabelecimento.

O questionário administrado estava dividido em duas partes, cada uma com as suas rubricas e instruções específicas. A primeira parte destinava-se a recolher informações de base sobre o estabelecimento, enquanto a segunda parte tinha como principal objetivo obter respostas sobre o grau de concordância dos inquiridos com determinadas afirmações relativas a variáveis organizacionais, tecnológicas e ambientais identificadas de acordo com o quadro concetual.

Na parte 1, o questionário era semi-estruturado. Por outras palavras, esta parte era constituída por perguntas fechadas e abertas que procuravam recolher informações sobre as caraterísticas da organização, ou seja, a localização do estabelecimento, o estabelecimento do pessoal e as variáveis de adoção das ETR, tais como a adoção e a utilização dos dispositivos.

A segunda parte do questionário estava organizada em torno de uma escala de sete pontos, em que 1 indicava discordo totalmente e 7 concordava totalmente com as afirmações apresentadas. Os aspectos abrangidos incluíam o apoio da gestão à tecnologia ETR, as suas atitudes em relação à tecnologia, os benefícios percebidos, a complexidade da tecnologia, os obstáculos percebidos, a intensidade da concorrência, a imagem e a prontidão da organização para adotar a tecnologia.

Basicamente, os questionários foram auto-administrados. O investigador deixou os questionários nos estabelecimentos e os inquiridos tiveram duas semanas para os preencher. No entanto, surgiram casos em que foi necessário interpretar o questionário e, nesses casos, o investigador administrou o questionário aos gestores pessoalmente. Os questionários preenchidos foram recolhidos pelo investigador nos estabelecimentos hoteleiros.

O questionário foi preferido porque os seus itens abordavam objectivos específicos, hipóteses de investigação e também permitiam a recolha de informações importantes sobre a população em estudo (Mugenda e Mugenda, 1999).

3.6.2 Entrevistas

Foram realizadas entrevistas estruturadas com os funcionários do KRA, o que permitiu ao investigador obter mais informações sobre a utilização da tecnologia ETR no distrito (De Vaus, 1996). Como Christensen e Stoup (1986) estipularam, a vantagem de usar entrevistas é que elas fornecem dados aprofundados que não são possíveis de obter quando se usam apenas questionários.

As entrevistas permitiram a recolha de dados para objectivos específicos e eram geralmente mais flexíveis tanto para o entrevistador como para o entrevistado. O investigador privilegiou a utilização de uma entrevista exploratória em profundidade com os funcionários do KRA, uma vez que lhes permitiria levantar uma série de questões relevantes para o estudo através de sondagens. A melhor forma de recolher os pontos de vista e as opiniões dos funcionários das administrações fiscais era através deste método (Touliatos e Compton, 1988; Bell, 1993; Ritchie e Goeldner, 1994).

A entrevista foi efectuada pelo investigador em datas diferentes, consoante a marcação. Os funcionários do KRA foram entrevistados durante uma média de 30 minutos cada um nos seus respectivos gabinetes. As entrevistas tiveram um carácter essencialmente exploratório, pois permitiram obter respostas sobre a forma como os funcionários avaliavam a receção e a adoção da tecnologia ETR pelos estabelecimentos hoteleiros.

Os diretores dos estabelecimentos hoteleiros não foram alvo de entrevistas, uma vez que o tema do estudo era bastante emotivo e, por conseguinte, era provável que surgissem opiniões muito variadas, daí a necessidade de restringir as respostas, o que foi feito da melhor forma através da utilização de questionários estruturados. Foram analisados documentos como os relatórios fiscais da KRA, artigos de jornais e as leis do Quénia para obter informações pertinentes para o estudo.

3.7 Validade dos instrumentos de investigação

Gay (1976) descreve a validade como o grau em que um instrumento de investigação mede o que é suposto medir, ou seja, em que medida os questionários e os horários das entrevistas recolhem o que é suposto recolherem. Esta questão foi iniciada logo na fase de conceção dos instrumentos, tendo-se procurado obter contributos valiosos dos supervisores e do pessoal académico relevante para determinar o grau em que as perguntas do instrumento representavam o universo das caraterísticas a medir, a fim de determinar a validade do conteúdo dos instrumentos, e o grau em que uma medida parecia medir o que pretendia medir, ou seja, a validade do contexto.

3.8 Fiabilidade dos instrumentos de investigação

Mugenda e Mugenda (1999) definem a fiabilidade como o grau em que o instrumento mede de forma consistente o que é suposto medir. A fiabilidade implica, portanto, a fiabilidade do instrumento de investigação para produzir consistentemente os mesmos dados em condições semelhantes. Para medir a fiabilidade, os instrumentos foram submetidos a um teste de fiabilidade para garantir que produziam resultados consistentes.

A fiabilidade dos instrumentos de investigação para o estudo foi testada através de um estudo piloto, realizado na área de estudo, mas que não incluiu os inquiridos utilizados no estudo. O estudo-piloto foi efectuado após a aprovação dos instrumentos. O método de teste e re-teste foi aplicado ao questionário, tendo dois gestores de estabelecimentos hoteleiros sido submetidos ao instrumento duas vezes com um intervalo de uma semana.

A parte 1 do questionário produziu respostas semelhantes em ambas as ocasiões, pelo que foi considerada direta e fiável. No entanto, os resultados da parte 2 do questionário apresentavam algumas inconsistências, pelo que foi efectuada a correlação de Pearson entre os dois conjuntos de resultados. As correlações elevadas (conjuntos de pontuações semelhantes entre as duas administrações), indicadas pelos coeficientes de correlação de fiabilidade (r) de 0,863 e 0,865 a um nível de significância de 0,01 para os dois inquiridos, respetivamente, garantiram que o instrumento tinha uma elevada fiabilidade de teste e re-teste, pelo que era fiável. Uma correlação mais próxima de +1 é mais forte e muito melhor para determinar a fiabilidade do teste (Kiminyo, 1981).

Além disso, a este respeito, foram corrigidos erros tipográficos no instrumento, confirmando assim que era suficiente para ser utilizado no estudo principal. Além disso, os instrumentos foram administrados de forma consistente aos inquiridos durante a recolha de dados, a fim de aumentar a sua fiabilidade.

3.9 Análise de dados

A análise dos dados consiste em ordenar, estruturar e dar sentido à massa de informações recolhidas, examiná-las e fazer deduções e inferências (Kombo & Tromp, 2006).

Os dados recolhidos foram analisados com base nas hipóteses de investigação do estudo. O investigador leu os dados recolhidos para se familiarizar com eles. Foram utilizados cartões de notas para registar os dados relevantes, as notas das entrevistas foram também editadas, refinadas e codificadas. Isto estava de acordo com a estipulação de Mugenda & Mugenda (1999) de que o primeiro passo na análise de dados era descrever os dados utilizando estatísticas descritivas, uma vez que isto permitiria ao investigador descrever significativamente muitos resultados utilizando um pequeno número de índices. Estas abordagens exploratórias permitiram ao investigador observar as tendências gerais dos dados.

Os dados foram posteriormente analisados utilizando o sistema de análise estatística (SAS), através da realização de uma análise de correlação canónica. O SAS foi concebido por Anthony J. Bar em 1966, é uma linguagem de modelização da análise de variância seguida de um programa de regressão múltipla que gera um código para efetuar transformações algébricas de dados brutos, todos colocados num ficheiro formatado. Permite a introdução de dados, a recuperação, a gestão, a elaboração de relatórios e a produção de gráficos.

O sistema foi aperfeiçoado através da integração de novas rotinas de regressão múltipla e de análise de variância e, com a implementação do modelo linear geral, o poder analítico do sistema foi aumentado. O SAS é popular para análise porque permite muitos tipos diferentes de análises a partir de algumas observações. Além disso, o SAS é eficiente e fácil de obter estatísticas resumidas (Slaughter & Delwiche, 2010)

A análise canónica pertence à família dos métodos de regressão para a análise de dados. A análise de regressão quantifica uma relação entre uma variável preditora e uma variável critério através do coeficiente de correlação r, do coeficiente de determinação r^2 e do coeficiente de regressão padrão β. A análise de regressão múltipla exprime uma relação entre um conjunto de variáveis preditoras e uma única variável critério através da correlação múltipla R, do coeficiente de determinação múltiplo R^2 e de um conjunto de pesos de regressão parcial padrão β , β_{12} e.t.c

A análise de variantes canónicas, também designada por análise de correlação canónica, capta uma relação entre um conjunto de variáveis preditoras e um conjunto de variáveis critério através das correlações canónicas p_1 , p_2 ... e dos conjuntos de pesos canónicos. A análise de correlação canónica é concebida para obter correlações canónicas máximas entre as variáveis canónicas preditoras e de critério. Esta técnica multivariada tem por objetivo determinar as relações entre os grupos de variáveis num conjunto de dados. O conjunto de dados é dividido em dois grupos, digamos, grupos de X e Y, com base nalgumas caraterísticas comuns. O método funciona através da procura de combinações lineares de variáveis em cada grupo, ou seja, X_1, X_2 para a variável X e Y_1, Y_2 para as variáveis Y, de modo a determinar quais as que estão altamente correlacionadas. A combinação de variáveis é normalmente designada por U_1 e V_1, sendo o par U_1 e V1 designado por função canónica. A próxima função canónica U2 e V2 é então restringida de modo a não estar correlacionada com U1 e V1. Tudo é escalonado de modo a que a variância seja igual a 1.

Para o estudo, a análise canónica envolveu o agrupamento de várias variáveis relacionadas e a tentativa de determinar a contribuição de cada uma delas para a variável canónica global e, consequentemente, para a sua influência na adoção da tecnologia ETR. Os temas relacionados foram identificados com base nas hipóteses de investigação e nos objectivos do estudo.

De um modo geral, o procedimento de correlação canónica envolveu a correlação entre as variáveis originalmente identificadas, a que se seguiu a realização de uma análise de correlação canónica, em que o nível de significância das variáveis foi verificado no processo de determinação dos seus valores F e P. Os valores Eigen da análise foram utilizados para avaliar que estatística seria empregue para mostrar a diferença nas variáveis canónicas. Por fim, foram determinadas variáveis canónicas padronizadas para cada uma das caraterísticas (tecnológicas, organizacionais e ambientais) e para a adoção de ETR, a fim de isolar as variáveis que contribuíam para a adoção de ETR em cada caraterística geral identificada pelo estudo.

O investigador utilizou estatísticas descritivas, tais como tabelas, para apresentar os dados e facilitar a comparação das respostas. De seguida, foram utilizadas estatísticas inferenciais para determinar se existia alguma associação entre as variáveis em estudo.

CAPÍTULO QUATRO
APRESENTAÇÃO, DISCUSSÃO E INTERPRETAÇÃO DOS RESULTADOS

4.0 Introdução

Este capítulo apresenta de forma exploratória, discute e interpreta os dados recolhidos. Começa por apresentar e discutir os resultados das entrevistas efectuadas com os funcionários do KRA e, em seguida, descreve os estabelecimentos hoteleiros estudados em termos de classificação, anos de funcionamento, localização a partir do centro da cidade e dimensão em termos de número de empregados. Por último, o capítulo apresenta as conclusões do estudo de forma sistemática em torno dos objectivos do estudo. De um modo geral, o estudo foi orientado pelos seguintes objectivos

i.	Determinar o efeito das caraterísticas organizacionais na adoção da tecnologia do Registo Fiscal Eletrónico pelos estabelecimentos hoteleiros.

ii.	Determinar o efeito dos factores tecnológicos na adoção da tecnologia ETR pelos estabelecimentos hoteleiros.

iii.	Determinar o efeito dos factores ambientais na adoção da tecnologia ETR pelos estabelecimentos hoteleiros.

4.1 Informações de base

4.1.1 Taxa de resposta dos entrevistados

O estudo visou 2 (dois) funcionários superiores da KRA afectos ao departamento de impostos internos. A taxa de resposta foi de 100%, uma vez que ambos os funcionários identificados foram entrevistados.

4.1.2 Caraterísticas dos entrevistados

Ambas as entrevistadas eram do sexo feminino, com 20 a 30 anos de serviço na autoridade. Ambas possuíam habilitações académicas de nível superior e ocupavam cargos de chefia no departamento de impostos internos do KRA, sediado na cidade de Eldoret, no distrito de Uasin Gishu.

4.1.3 Respostas às entrevistas

As entrevistas foram realizadas pelo investigador com o objetivo de recolher informações de base adequadas para ajudar a tirar conclusões informadas ao interpretar os resultados do estudo

4.1.3.1 Razões para a introdução de ETR no Quénia

Os inquiridos salientaram que as principais vantagens da introdução das ETR no Quénia são o aumento da cobrança de receitas, a redução da evasão fiscal sobre as vendas, o facto de a KRA obter contas exactas das vendas efectuadas pelos comerciantes e prestadores de serviços e a garantia de que todos os contribuintes registados declararam corretamente as suas declarações.

4.1.3.2 . Razões para garantir o apoio jurídico à aplicação dos RET

Além disso, apresentaram uma série de argumentos para apoiar a decisão do KRA de obter apoio jurídico a fim de promover as operações dos ETR. As principais razões invocadas incluíam a necessidade de legalizar as operações dos ETR, o aspeto processual da necessidade de legislação de apoio para garantir a adoção bem sucedida da tecnologia, a necessidade de reforçar a aplicação da utilização dos ETR, a necessidade de verificar a resistência ou a não cooperação do público e também a necessidade de verificar as falsas declarações fiscais dos comerciantes.

4.1.3.3 Receção dos ETRs pelos empresários

As respostas dadas pelos entrevistados indicaram que a receção foi, em geral, hostil, pois os contribuintes sentiram que ficariam expostos, uma vez que não estariam em condições de esconder os seus rendimentos, pelo que procuraram uma intervenção legal, exigindo que a KRA fosse considerada parte num processo judicial apresentado para impedir a introdução da tecnologia.

4.1.3.4 Eficácia dos RET na administração fiscal

Os entrevistados reconheceram que os ETR eram instrumentos eficazes de administração fiscal e argumentaram que os dispositivos dissuadiam os infractores fiscais, uma vez que estavam equipados com dispositivos de segurança e que efectuavam e mantinham com eficácia e precisão os registos das vendas. Além disso, os aparelhos controlavam os casos de furto por parte dos empregados à entidade patronal. Observaram igualmente que a cobrança do imposto sobre o valor acrescentado junto das empresas hoteleiras tinha melhorado com a introdução dos ETR na administração fiscal.

No entanto, indicaram que houve casos em que os pagamentos não foram efectuados através das máquinas. As principais vias exploradas foram a não utilização deliberada das máquinas com regularidade, as avarias inexplicáveis e não comunicadas das máquinas e o não registo das empresas.

Outras lacunas exploradas pelos estabelecimentos hoteleiros para promover a evasão fiscal foram a

emissão de recibos não fisicalizados. A não emissão de recibos fiscais para os serviços vendidos pelos

estabelecimentos, ou seja, refeições, e a delegação de funções a pessoas "substitutas" que não

passaram deliberadamente as vendas através dos ETR.

No entanto, afirmaram que havia sanções em caso de incumprimento dos regulamentos ETR. Por

exemplo, as pessoas podiam ser constituídas arguidas e levadas a tribunal e, se fossem consideradas

culpadas, estavam sujeitas a uma coima de 200 000 kshs ou a 3 anos de prisão. Indicaram ainda que

nenhum dos estabelecimentos hoteleiros estava isento da utilização de ETR e que as empresas em

geral não eram obrigadas a comprar as máquinas ETR a fornecedores específicos.

O principal desafio levantado no que diz respeito à utilização das ETR na administração fiscal foi a

harmonização da cobrança do IVA entre os países da Comunidade da África Oriental. Apreciaram o

facto de a Tanzânia ter tentado introduzir a TAE mas não ter conseguido. No caso do Quénia,

mostraram-se optimistas quanto ao futuro do RET como instrumento da administração fiscal devido

à sua eficácia, à melhoria do acesso aos registos do IVA e à motivação para utilizar continuamente o

RET em conformidade com a visão do KRA de ser uma autoridade fiscal líder mundial.

4.2 Taxa de resposta aos questionários

No total, foram distribuídos 70 questionários a 35 estabelecimentos hoteleiros utilizados para o efeito
estudo como indicado na figura 5 abaixo;-

1.1.1 e 4.1: Um gráfico de pizza que mostra a taxa de resposta ao questionário

Dos 70 questionários distribuídos, 88,571% foram respondidos e recolhidos e 11,428
% não foram devolvidos, o que representa uma taxa de resposta relativamente elevada e aceitável,
uma vez que uma maior percentagem dos inquiridos preencheu e enviou os questionários. Uma taxa
de resposta tão elevada aumenta a fiabilidade dos dados recolhidos.

4.2.1 Caraterísticas dos inquiridos no questionário

O estudo teve como alvo 70 inquiridos a quem foram aplicados questionários. Foram avaliados por sexo, idade, conhecimentos de informática e habilitações académicas.

4.2.2 Caraterísticas dos inquiridos

4.2.2.1 Género dos inquiridos

O investigador procurou abranger um número igual de inquiridos do sexo masculino e feminino, dada a sensibilidade das questões de género nas políticas de recrutamento da maioria das organizações. No entanto, os resultados revelaram que 72,86% dos inquiridos eram do sexo masculino, o que indica uma predominância masculina na indústria hoteleira do distrito de Uasin Gishu.

4.2.2.2 Idade dos inquiridos

Os resultados da investigação revelaram que 62,86% dos inquiridos se situavam na faixa etária dos 31-50 anos, o que indica uma preferência por gestores jovens e enérgicos. É provável que o pessoal mais jovem seja mais produtivo e reativo à mudança e às novas tecnologias.

4.2.2.3 Nível de escolaridade dos inquiridos

A maioria dos inquiridos tinha um nível de ensino superior (62,86%), o que indica que, pelo menos, a maior parte deles tinha obtido formação elementar. No entanto, apenas 8,57% tinham obtido um diploma de bacharelato. Este é um fator de promoção provável da adoção de tecnologia, tal como indicado na literatura, em que se considera que o nível de educação influencia grandemente a vontade de um gestor de adotar tecnologia.

4.3.1 . Efeitos das caraterísticas organizacionais, tecnológicas e ambientais na adoção de ETR

Para uma análise aprofundada dos dados recolhidos, o investigador recorreu à análise canónica utilizando o sistema SAS para determinar o efeito das caraterísticas organizacionais, tecnológicas e ambientais na adoção da tecnologia ETR pelos estabelecimentos hoteleiros. A análise foi efectuada em três partes, tendo em conta as hipóteses levantadas para o estudo.

4.3.2 Determinação do efeito das caraterísticas organizacionais na adoção de ETRs

A primeira H0 era que as caraterísticas organizacionais não afectam a adoção da tecnologia do

Registo Fiscal Eletrónico pelos estabelecimentos hoteleiros em Uasin Gishu. Para a testar, o estudo utilizou a sensibilização dos estabelecimentos hoteleiros em relação aos RET, a abordagem utilizada pelo KRA para melhorar a adoção dos RET, a importância percebida dos RET pelos estabelecimentos, os recursos disponíveis para os estabelecimentos hoteleiros, o modo de comunicação da tecnologia dos RET ao pessoal pela direção, a exposição do pessoal à utilização dos RET através de formação e o montante orçamentado dedicado à adoção dos RET como variáveis organizacionais para análise.

Estas variáveis foram submetidas a uma análise de correlação canónica utilizando o sistema SAS para gerar sete variáveis canónicas com o objetivo de avaliar o efeito das variáveis umas sobre as outras.

Os resultados foram os ilustrados nos quadros 3 e 4 seguintes

Tabela 4.1: Análise de correlação canónica relativa às caraterísticas organizacionais

variáveis (V)	Correlação canónica	Correlação canónica ajustada	Erro padrão aproximado	Correlação canónica ao quadrado
1	0.982169	0.974068	0.006932	0.964655
2	0.908324	0.868607	0.034310	0.825052
3	0.800093	0.721591	0.070573	0.640149
4	0.695720	0.623065	0.101191	0.484026
5	0.576640	0.563885	0.130905	0.332513
6	0.211346	0.060925	0.187356	0.044667
7	0.059521	.	0.195421	0.003543

Teste de H0: As correlações canónicas nos valores de Eigen de Inv (E)*H linha atual e
todos os que se seguem são zero = CanRsq /(1-CanRsq)Probabilidade Aproximada

Tabela 4.2: Valores próprios resultantes das variáveis canónicas organizacionais

V	Valor próprio	diferença	proporção	acumulado	rácio	Valor F	Número DF	Den DF	Pr>F
1	27.2927	22.5767	0.7737	0.7737	0.00072952	4.53	49	70.421	<.0001
2	4.7160	2.9371	0.1337	0.9074	0.02064022	2.53	36	64.239	0.0006
3	1.7789	0.8408	0.0504	0.9579	0.11797930	1.78	25	57.224	0.0368
4	0.9381	0.4399	0.0266	0.9845	0.32785635	1.36	16	49.518	0.1992
5	0.4982	0.4514	0.0141	0.9986	0.63541271	0.95	9	41.524	0.4977
6	0.0468	0.0432	0.0013	0.9999	0.95194834	0.22	4	36	0.9230
7	0.0036		0.0001	1.0000	0.99645724	0.07	1	19	0.7977

As primeiras quatro variáveis canónicas têm coeficientes de correlação elevados de 0,98, 0,91, 0,80 e 0,70 com valores F de 4,5, 2,5, 1,8 e 1,4, respetivamente. Ao nível de significância de 5%, existe uma diferença significativa na primeira, segunda e terceira variáveis canónicas.O valor próprio da primeira variável canónica é muito diferente dos restantes e

Por conseguinte, utilizámos o teste da raiz mais forte de Roy, como se pode ver nos quadros 5 e 6 infra

Tabela 4.3: Estatísticas multivariadas e aproximações F para as variáveis da organização

S=7 M=-0,5 N=5,5

Estatísticas	Valor	F -Valor	Num DF	Den DF	Pr > F
Lambda de Wilks	0.00072952	4.53	49	70.421	<.0001
O rasto de Pillai	3.29460634	2.41	49	133	<.0001
Traço de Hotelling-Lawley	35.27417302	8.49	49	29.5	<.0001
A maior raiz de Roy	27.29269911	74.08	7	19	<.0001

NOTA: A estatística F para a raiz maior de Roy é um limite superior.

A Raiz Maior de Roy de 27,3 mostra uma significância muito elevada em algumas variáveis de

correlação canónica. Os coeficientes de correlação canónica para as três primeiras variáveis são

superiores a 80% (0,982169, 0,908324 e 0,800093, como mostra o quadro 3 acima) e são altamente

significativos. Por conseguinte, existe uma correlação entre as caraterísticas da organização e a

adoção de ETR.

Tabela 4.4: Coeficientes canónicos normalizados para as caraterísticas da organização

	V1	V2	V3	V4	V5	V6	V7
Consciencialização	0.3658	-0.3285	1.0900	-1.2744	1.5658	-2.8591	-0.1770
Abordagem KRA	-0.1776	1.0700	0.3809	-0.1533	1.3369	0.4915	0.3859
Importância	-0.2169	-0.1757	-0.1201	0.6311	-2.4373	2.1742	0.4345
Recursos	0.8833	0.3995	-0.5070	0.0004	2.4938	-0.5502	1.8102
Comunicação	-0.0999	-0.4768	0.0353	1.1924	-0.0684	-0.2484	0.0533
Formação	0.2930	-2.0088	0.1543	-0.3115	-2.1294	0.7858	-3.2863
orçamento	-0.3858	2.2770	-0.4574	0.9557	-1.6876	1.7796	1.4832

A primeira variável canónica das caraterísticas da organização (V1) deve-se aos recursos disponíveis

para as empresas de hotelaria (0,88); a segunda variável canónica da organização (V2) deve-se a

Abordagem KRA na melhoria da adoção da tecnologia ETR (1,07), considerações orçamentais (2,28)

e prestação de formação formal sobre ETR ao pessoal (-02,01).

Por último, a terceira variável canónica de caraterísticas organizacionais (V3) deveu-se à

sensibilização do KRA para incentivar a adoção (1,09), ao efeito sobre a utilização dos recursos da

empresa (-0,51) e à consideração orçamental (-0,48).

Tabela 4.5: Coeficientes canónicos normalizados para as variáveis de adoção de ETR

	W1	W2	W3	W4	W5	W6	W7
Anos de atividade	0.1275	0.1289	-0.0701	0.7881	0.1542	1.0635	0.2854
Localização	-0.0563	0.1138	-0.0873	0.6795	0.8002	-0.1303	0.4357
Número de efectivos	-0.0569	-0.0678	0.0878	-0.3787	0.7689	-0.4064	-1.2368
Informatização	-0.0962	0.1499	0.1664	1.3314	-0.8080	0.2002	0.2855
Adoção de ETR	2.1969	0.8308	-0.4630	0.2377	-0.1763	0.0458	0.9376
Ano ETR	-2.0607	0.3339	0.1016	-0.1124	0.4895	0.1238	-0.8274
Mês ETR	-0.3963	-0.3593	1.0546	-0.9137	0.0344	-0.0904	0.1472

As primeiras variáveis de correlação canónica para a adoção de ETR (W1) são a contribuição do facto de a empresa hoteleira ter ou não instalado as máquinas ETR (2,20) e o ano e mês de implementação -2,06 e -0,40, respetivamente. As hipóteses de adoção eram maiores com o passar dos anos, daí a relação negativa. A segunda (W2) é influenciada pela adoção de ETR (0,83). E a terceira variável canónica (W3) deve-se ao mês de adoção (1,05), mas é negativa em relação à adoção da ETR (-0,83), como mostra a tabela 7 acima.

Por conseguinte, da análise precedente conclui-se que a adoção das ETR é influenciada pelos recursos considerados pelo estabelecimento hoteleiro, pela abordagem de aplicação das KRA utilizada e por considerações orçamentais, pelo atraso na prestação de formação ao pessoal sobre

Verificou-se que a utilização de máquinas ETR tem um efeito negativo na adoção de ETR (-2,01). As conclusões sobre o efeito dos recursos e das considerações orçamentais estão de acordo com as de Xu *et al.* (2004), que identificaram os recursos financeiros como um fator suscetível de influenciar a adoção de tecnologias por uma organização.

4.3.2 O efeito das caraterísticas tecnológicas na adoção de ETR

A segunda H0 afirma que as caraterísticas tecnológicas não afectam a adoção da tecnologia ETR pelos estabelecimentos hoteleiros em Uasin Gishu. Para a testar, o estudo utilizou como variáveis tecnológicas para análise a facilidade de utilização da tecnologia pelo pessoal, a compatibilidade/adaptação da ETR com a tecnologia existente, a manutenção das máquinas ETR, a eficiência das máquinas ETR, a responsabilidade pelo IVA, as relações com o KRA e os custos de funcionamento após a adoção da nova tecnologia. Estas variáveis foram submetidas a uma análise de correlação canónica utilizando o sistema SAS para gerar variáveis canónicas destinadas a avaliar o efeito das variáveis umas sobre as outras. Os resultados estão ilustrados nas tabelas 8 e 9 abaixo

Tabela 4.6: Análise de correlação canónica relativa às caraterísticas tecnológicas

Variáveis (V)	Correlação canónica	Correlação canónica ajustada	Erro padrão aproximado	Correlação canónica ao quadrado
1	0.991765	0.987409	0.003217	0.983598
2	0.964079	0.948460	0.013836	0.929448
3	0.819941	0.733777	0.064266	0.672304
4	0.707751	0.621371	0.097879	0.500911
5	0.478820	0.322172	0.151153	0.229268
6	0.198622		0.188379	0.039451
7	0.164834		0.190788	0.027170

Teste de H0: As correlações canónicas nos valores de Eigen de Inv (E)*H linha atual e
todos os que se seguem são zero = CanRsq / (1-CanRsq) Probabilidade aproximada

Tabela 4.7: Valores próprios resultantes das variáveis canónicas tecnológicas

V	Valor próprio	diferença	proporção	acumulado	rácio	Valor F	Num DF	Den DF	Pr>F
1	59.9681	46.7941	0.7832	0.7832	0.00013631	4.17	63	68.061	<.0001
2	13.1740	11.1224	0.1721	0.9553	0.00831030	2.17	48	63.107	0.0021
3	2.0516	1.0480	0.0268	0.9821	0.11779012	1.08	35	57.116	0.3891
4	1.0037	0.7062	0.0131	0.9952	0.35944928	0.71	24	50.05	0.8168
5	0.2975	0.2564	0.0039	0.9991	0.72021108	0.35	15	41.81	0.9842
6	0.0411	0.0131	0.0005	0.9996	0.93445100	0.14	8	32	0.9968
7	0.0279		0.0004	1.0000	0.97282984	0.16	3	17	0.9229

Os pares de variáveis do coeficiente canónico 1, 2, 3 e 4 são elevados, com valores de correlação

superiores a 0,7. A primeira e a segunda variáveis canónicas são significativas, com valores f- de

4,17 e 2,17, respetivamente. O valor próprio para a primeira variável é muito elevado (60) em

comparação com as restantes (13 para a segunda) e, por conseguinte, é aplicado o teste da raiz

maior de Roy, como se pode ver no quadro 10 abaixo;-

Quadro 4.8: Estatísticas multivariadas e aproximações F para caraterísticas tecnológicas

S=7 M=0.5 N=4.5

Estatísticas	Valor	F- Valor	Num DF	Den DF	Pr > F
Lambda de Wilks	0.00013631	4.17	63	68.061	<.0001
O rasto de Pillai	3.38215046	1.77	63	119	0.0040
Traço de Hotelling-Lawley	76.56381593	11.89	63	24.872	<.0001
A maior raiz de Roy	59.96809643	113.27	9	17	<.0001

NOTA: A estatística F- para a raiz maior de Roy é um limite superior.

A raiz maior de Roy (113) é altamente significativa de que existe pelo menos uma variável canónica

diferente. A partir da análise da correlação canónica, apenas as duas primeiras variáveis canónicas

são significativas (0,991765 e 0,964079, como mostra a tabela 8 acima).

Tabela 4.9: Coeficientes canónicos normalizados para as caraterísticas da tecnologia

	V1	V2	V3	V4	V5	V6	V7
Facilidade de contratação	-0.3316	0.2127	-1.3320	6.2827	4.3936	-1.1517	0.0155
Adapta-se à tecnologia	-0.3772	-1.3652	0.6074	2.9340	-1.5932	2.9958	2.9260
Barato	0.1205	-0.2971	-0.3202	-0.9063	-2.4225	2.6771	1.5833
Manutenção	0.6717	-0.3817	-0.4725	7.5474	3.8208	1.7297	3.4422
Responsabilidade em matéria de IVA	0.0022	0.1041	0.0280	-0.1451	-0.6659	-1.0086	1.0273
Relações com o KRA	0.1213	0.4938	-0.1986	-2.6544	-2.6957	2.8406	4.1917
Montante do imposto	1.3850	1.4227	-0.3593	3.2159	1.9449	1.5677	-2.8129
Custos operacionais	0.6475	0.8537	1.1044	-2.8821	0.6471	1.8634	-1.3412
eficiência	0.0302	-0.0972	1.9759	-4.8407	0.5779	-0.4381	-1.2296

A primeira variável canónica tecnológica (V1) é principalmente determinada pelo benefício de custo de funcionamento reduzido (0,65), custo de manutenção mais baixo (0,67) e aumento do montante de imposto entregue à KRA (1,39). A segunda variável canónica tecnológica (V2) é influenciada negativamente pela compatibilidade da tecnologia ETR (-1,37), pela relação com os funcionários da KRA (0,49), pelo montante entregue à KRA (1,42) e pelo benefício da redução dos custos de exploração (0,85), como se pode ver no quadro 11.

A compatibilidade dos recursos tecnológicos existentes com a tecnologia ETR, que afecta positivamente a adoção da ETR pelos estabelecimentos, está em consonância com as conclusões de Tornatzky & Fleischer (1990) salientaram que as caraterísticas da tecnologia existente influenciam a adoção de tecnologia pelas organizações.

Tabela 4.10: Coeficientes canónicos normalizados para as variáveis de adoção de ETR

	W1	W2	W3	W4	W5	W6	W7
Anos de atividade	-0.0564	0.0783	0.0388	0.9798	-0.2640	-0.7974	0.4677
Localização	-0.0445	-0.1992	-0.0436	0.8541	0.5619	-0.2354	-0.4342
Número de efectivos	0.0465	-0.1054	-0.2838	0.0010	0.6317	1.3013	0.5089
informatização	0.2080	0.1960	0.6156	0.8561	-1.0310	-0.3673	-0.4637
Adoção de ETR	-1.8537	1.4651	0.1225	0.1946	0.1183	-0.9143	-0.4629
Ano ETR	1.7204	-0.7780	-1.0319	0.3123	-0.0507	0.7281	0.2454
Mês ETR	0.8949	0.0347	0.4196	-0.9291	0.5934	-0.0457	0.2618

Para as variáveis canónicas relativas à adoção de ETR, a primeira variável canónica (W1) refere-se principalmente ao ano de adoção de ETR (1,72) e à implementação de ETR (-1,85). A segunda variável canónica (W2) diz respeito à presença de ETR (1,46) e ao ano de implementação (-0,77), conforme ilustrado no quadro 12.

Esta análise revela que a adoção do ETR é positivamente influenciada pela perceção da probabilidade de redução dos custos de funcionamento e de manutenção pelos estabelecimentos hoteleiros após a adoção da tecnologia ETR e, além disso, pela previsão da apresentação correta e completa dos impostos devidos à KRA. O compromisso entre os benefícios e os custos que influenciam a adoção da tecnologia foi também identificado por Ferrer *et al.*, (2003) e Akkeren & Cavaye, (1999).

4.3.3 O efeito das caraterísticas ambientais na adoção de ETR

A terceira H0 do estudo foi: As caraterísticas ambientais não afectam a adoção da tecnologia ETR pelos estabelecimentos hoteleiros em Uasin Gishu. Para a testar, o estudo utilizou como variáveis ambientais para análise a necessidade de ser visto pelos outros como conhecedor da tecnologia, a sofisticação relativa, as normas/nível de funcionamento relativo, o efeito nos custos contabilísticos, o futuro da tecnologia, outras tecnologias e actualizações regulares para o pessoal. Estas variáveis foram submetidas a uma análise de correlação canónica utilizando o sistema SAS para gerar sete variáveis canónicas destinadas a avaliar o efeito das variáveis umas sobre as outras. Os resultados foram os ilustrados nos quadros 13 e 14 seguintes

Tabela 4.11: Análise de correlação canónica relativa às caraterísticas ambientais

Variável (V)	Correlação canónica	Correlação canónica ajustada	Padrão aproximado Erro	Correlação canónica ao quadrado
1	0.981365	0.972838	0.007241	0.963078
2	0.922108	0.891986	0.029362	0.850283
3	0.769853	0.683162	0.079883	0.592674
4	0.602973	0.473923	0.124813	0.363577
5	0.461430	0.372173	0.154360	0.212917
6	0.302929	0.277328	0.178119	0.091766
7	0.121922	.	0.193201	0.014865

Teste de H0: As correlações canónicas nos valores próprios de Inv (E)*H da linha atual e de

todas as que se seguem são zero = CanRsq / (1-CanRsq) Probabilidade aproximada

Tabela 4.12: Valores próprios resultantes das variáveis canónicas ambientais

V	Valor próprio	diferença	proporção	acumulado	rácio	Valor F	Num DF	Den DF	Pr>F
1	26.0842	20.4049	0.7632	0.7632	0.00100915	4.16	49	70.421	<.0001
2	5.6793	4.2243	0.1662	0.9294	0.02733199	2.27	36	64.239	0.0021
3	1.4550	0.8838	0.0426	0.9720	0.18255829	1.33	25	57.224	0.1861
4	0.5713	0.3008	0.0167	0.9887	0.44818727	0.93	16	49.518	0.5424
5	0.2705	0.1695	0.0079	0.9966	0.70422861	0.72	9	41.524	0.6920
6	0.1010	0.0859	0.0030	0.9996	0.89473287	0.51	4	36	0.7253
7	0.0151		0.0004	1.0000	0.98513491	0.29	1	19	0.5986

As primeiras quatro variáveis canónicas têm coeficientes de correlação elevados (0,98, 0,92, 0,76 e

0,60, como mostra o quadro 13). No entanto, a primeira e a segunda variáveis canónicas são

consideradas significativas com os valores F de 4,16 e 2,27 e os respectivos valores p inferiores ao

nível de significância de cinco por cento, como mostra o quadro 14.

Quadro 4.13: Estatísticas multivariadas e aproximações F para as caraterísticas ambientais

S=7 M=-0.5 N=5.5

Estatísticas	Valor	Valor F	Num DF	Den DF	Pr >F
Lambda de Wilks	0.00100915	4.16	49	70.421	<.0001
O rasto de Pillai	3.08916143	2.14	49	133	0.0003
Alojamento-Lawley Trace	34.17647555	8.23	49	29.5	<.0001
A maior raiz de Roy	26.08422544	70.80	7	19	<.0001

NOTA: A estatística F para a raiz maior de Roy é um limite superior.

O primeiro valor Eigen (26,1) difere muito dos restantes, como se pode ver no quadro 15, pelo que

se utiliza a raiz maior de Roy para mostrar qualquer diferença nas variáveis canónicas.

O valor F (70,8) na tabela 15 acima mostra uma significância muito elevada da diferença nas variáveis

canónicas. Da análise da correlação canónica, apenas as duas primeiras variáveis canónicas

Tabela 4.14: Coeficientes canónicos padronizados para as caraterísticas ambientais

	V1	V2	V3	V4	V5	V6	V7
Tecnologia	-0.2781	-0.7548	0.1320	0.5723	-0.1501	1.9754	1.3981
Outras empresas	1.0584	1.0649	-0.8826	-0.7317	0.3649	3.5785	-0.0211
Sofisticação	-0.0114	0.3997	0.9424	-0.0097	0.3113	-0.9251	0.3300
Normas	0.7535	1.2380	-0.6122	-0.0649	-0.6996	-0.3757	-0.8772
Custos contabilísticos	-0.0665	-0.0401	-0.8451	0.8961	0.3400	1.0374	1.3638
Futuro	0.2512	-0.9122	0.7442	0.5555	-0.7049	-3.6806	0.1244
Atualização do pessoal	-0.1969	-0.1441	-0.6829	1.1547	0.6810	1.2541	-0.0197

Os concorrentes das empresas de hotelaria (1,06) e os padrões percebidos das empresas que adoptam (0,75) contribuem para a primeira variável canónica ambiental (V1). As segundas variáveis canónicas (V2) devem-se aos concorrentes que adoptam as máquinas ETR, com uma correlação padrão de 1,06, e à perceção de elevados padrões das empresas que as adoptam (1,24). Também a probabilidade de todas as empresas poderem adotar a tecnologia ETR no futuro (-0,91) e outras tecnologias (-0,75) contribuem para a segunda variável canónica das caraterísticas ambientais. Estas duas têm um efeito negativo na adoção de ETR por parte dos estabelecimentos hoteleiros, tal como ilustrado no quadro 16 acima.

A pressão externa para a adoção por parte do sector em que a empresa opera e a sofisticação estrutural da empresa foram caraterísticas ambientais identificadas por Gretzel & Fesenmaier (2000) e Akkeren & Cavaye (1999). Estas conclusões estão de acordo com as conclusões do presente estudo, em que a adoção de ETR pelos concorrentes incentiva outras empresas a adoptá-las.

Tabela 4.15: Coeficientes canónicos normalizados para as variáveis de adoção de ETR

	W1	W2	W3	W4	W5	W6	W7
Anos de atividade	-0.1015	0.0379	0.0490	1.1515	-0.0135	-0.4230	0.6132
Localização	-0.0718	0.0005	-0.0185	0.8039	-0.0062	-0.3993	-0.7221
Número de efectivos	0.0060	0.0598	-0.2027	-0.1526	0.9757	1.0532	-0.5621
Informatização	0.1470	0.1264	0.2921	0.8558	-1.2611	0.0787	0.3934
Adoção de ETR	-0.0127	-0.8285	1.2356	0.1790	-0.3391	-0.8005	0.2014
Ano ETR	1.6874	-0.3262	-1.2373	0.3175	0.4380	0.6819	-0.2797
Mês ETR	0.9722	0.3563	0.4622	-0.8138	0.5213	-0.2077	-0.0341

O ano e o mês de aplicação das ETR contribuem, respetivamente, com 1,69 e 0,97 para a primeira variável canónica relativa à adoção das ETR (W1). A segunda variável canónica de adoção de ETR (W2) contribui para a adoção efectiva de ETR (-0,83).

Por conseguinte, o primeiro par de variáveis canónicas, a adoção de ETR pelos concorrentes e os benefícios percebidos, influenciam positivamente o ano e o mês de adoção de ETR numa indústria hoteleira. No que se refere ao segundo par de variáveis canónicas, a adoção de ETR deve-se à atitude positiva em relação ao futuro e aos benefícios percebidos de se manter a par da tecnologia. Os benefícios para uma empresa são o valor percebido, avaliado em termos de dinheiro, tempo e esforço, e o que é recebido em termos de produto, imagem, qualidade e conveniência, que são identificados como susceptíveis de influenciar a adoção (Chen, 2000; Odunga *et al.,* 2007)

CAPÍTULO CINCO
RESUMO, CONCLUSÕES E RECOMENDAÇÕES

5.1 Resumo

O estudo foi realizado para avaliar os factores que influenciam a adoção da tecnologia do registo fiscal eletrónico pelos estabelecimentos hoteleiros do distrito de Uasin Gishu, na província do Vale do Rift, no Quénia. O investigador investigou os seguintes factores

i.   O efeito das caraterísticas organizacionais na adoção da tecnologia do Registo Fiscal Eletrónico pelos estabelecimentos hoteleiros.

ii.   O efeito dos factores tecnológicos na adoção da tecnologia ETR pelos estabelecimentos hoteleiros.

iii. O efeito dos factores ambientais na adoção da tecnologia ETR pelos estabelecimentos hoteleiros

Foi selecionado um total de 35 estabelecimentos hoteleiros através de uma amostragem aleatória estratificada no distrito de Uasin Gishu. Foi utilizada uma amostragem selectiva para incluir todos os hotéis classificados na amostra estudada. Participaram no estudo 70 gestores e 2 funcionários das autoridades fiscais. Isto traduziu-se num total de 72 inquiridos.

Os instrumentos utilizados para a recolha de dados foram um questionário para os gestores e uma entrevista com cada um dos funcionários da KRA. Os dados foram depois analisados utilizando o sistema de análise de dados SAS.

5.2 Conclusões do estudo

As principais conclusões do estudo foram que a adoção de ETR por estabelecimentos hoteleiros no distrito de Uasin Gishu foi influenciada pelos recursos disponíveis para as empresas, sendo que as empresas com mais recursos implementaram mais cedo do que as empresas com menos recursos financeiros.

As considerações orçamentais no sentido de facilitar a adoção da tecnologia ETR afectaram o ritmo de adoção da tecnologia, com os estabelecimentos que tinham previsto e reservado fundos para a tecnologia a adoptarem mais cedo do que os que não tinham orçamentado adequadamente.

A probabilidade de os custos de funcionamento e de manutenção diminuírem com a adoção das máquinas ETR foi um fator de motivação para os estabelecimentos hoteleiros adoptarem a tecnologia. Do mesmo modo, a expetativa de que as máquinas ETR permitiriam aos estabelecimentos hoteleiros apresentar declarações corretas e completas à KRA contribuiu positivamente para a adoção da tecnologia.

A adoção da tecnologia ETR pelos concorrentes e a perceção dos benefícios da adoção da tecnologia ETR incentivaram os estabelecimentos hoteleiros a adotar e a utilizar a tecnologia, uma vez que não queriam ser vistos como estando atrasados em relação aos concorrentes do sector.

Por outro lado, verificou-se que a abordagem utilizada pela KRA para impor a adoção dos ETR e o atraso na formação do pessoal dos estabelecimentos hoteleiros sobre a utilização das máquinas ETR por parte da direção abrandaram a taxa de adoção da tecnologia ETR pelos estabelecimentos. A sensibilização através de seminários regulares organizados pela KRA é sugerida como uma possível solução para este fim.

5.3 Conclusão

A motivação do KRA para maximizar a cobrança do IVA levou-o a aconselhar as empresas a utilizarem a tecnologia ETR, considerada relativamente inviolável e, por conseguinte, capaz de controlar as fraudes fiscais. O apoio jurídico garantido para permitir a sua aplicação significava que todas as empresas tinham de a adotar, deixando que outros factores, como as caraterísticas organizacionais, as caraterísticas tecnológicas e as caraterísticas ambientais e outras condições facilitadoras, determinassem o ritmo de adoção da tecnologia.

O estudo conseguiu, de facto, estabelecer que as caraterísticas dos estabelecimentos hoteleiros, como a localidade, as instalações existentes, os anos de funcionamento e o número de funcionários, contribuíram para a rapidez com que os estabelecimentos hoteleiros adoptaram a tecnologia ETR. Verificou-se ainda que as caraterísticas dos gestores, como o sexo, a idade, a literacia informática e a qualificação académica, desempenham um papel insignificante na adoção da tecnologia ETR, exceto no que diz respeito à formação sobre a utilização das máquinas ETR.

O estudo permitiu verificar e concordar com a afirmação de Rogers (1995) de que os indivíduos e, em extensão, as empresas possuíam diferentes graus de vontade de adotar inovações, sendo alguns adoptantes precoces até aos retardatários que hesitam muito em adotar novas tecnologias. Verificou-se que a distribuição dos estabelecimentos hoteleiros que adoptaram a tecnologia ETR estava normalmente distribuída, com alguns a adoptarem cedo, a maioria a adotar quando o KRA estava a impor estritamente a utilização das máquinas ETR e alguns que tinham e ainda estavam atrasados. Estas conclusões do estudo estão de acordo com a teoria unificada da aceitação e utilização da tecnologia de Venkatesh *et al.* (2003).

5.4 Recomendações

Com base nas conclusões, o estudo recomenda que o KRA reforce a educação dos contribuintes, tirando partido da melhoria da relação com os estabelecimentos hoteleiros, de preferência através de uma interação cara a cara com os gestores para promover a parceria. Isto permitirá a partilha de ideias sobre a forma de ultrapassar os desafios enfrentados pelas empresas, especialmente as que têm restrições orçamentais.

A KRA deve melhorar o controlo das empresas para garantir que todas cumprem plenamente as suas obrigações. Além disso, deve facilitar as sessões de formação sobre a utilização das máquinas ETR, uma vez que o estudo estabeleceu que existe uma relação entre a capacidade de utilização e a adoção da tecnologia.

Para encorajar a adoção, o KRA deveria organizar mais seminários para defender os benefícios da utilização dos ETR, uma vez que se verificou que estes têm um efeito positivo na adoção, em vez de adotar tácticas de braço de ferro. Verificou-se que a abordagem utilizada desempenha um papel significativo no facto de as empresas cumprirem ou não as suas obrigações.

Além disso, deve ser criado um mecanismo para assegurar que os serviços vendidos sejam imediatamente registados nos RET, em vez de se registarem as vendas no final do dia. Isto só é possível através da inculcação do patriotismo através da educação dos contribuintes.

Por último, deve ser desenvolvida uma política que garanta que as receitas fiscais/eTR sejam as únicas receitas aceitáveis para efeitos contabilísticos a todos os níveis. Isto alargará o mercado e as empresas cumpridoras tenderão a conquistar mais clientes que têm de prestar contas noutro local sobre a sua utilização de fundos. Quando os concorrentes cumprem as normas para conquistar esta quota de mercado, outros farão o mesmo, pois o estudo revela que as empresas são encorajadas a cumprir as normas se os seus concorrentes o fizerem.

5.5   Sugestões para investigação futura

i.   Poderá ser efectuado um estudo para determinar os efeitos do cumprimento das ETR pelos estabelecimentos hoteleiros nas suas estratégias de preços e na qualidade do serviço oferecido.

ii.   Poderá ser realizado um estudo noutros sectores da indústria do turismo, como os parques de caça, e o efeito da adoção das ETR no número de visitantes.

O domínio abrangido por este estudo não foi objeto de uma investigação exaustiva, pelo que há ainda muito terreno por cobrir. A ausência de literatura facilmente disponível para o investigador fazer referência atesta este facto. Para além das duas áreas sugeridas, os factores que determinam a taxa de adoção da tecnologia ETR pelas várias empresas do sector podem ser objeto de outros estudos.

REFERÊNCIAS

Agengo, C.A. (2006) An Assessment of factors affecting tax payer compliance in Kenya. Um inquérito às empresas do município de Eldoret: Tese de mestrado não publicada da Universidade de Moi

Akkeren, J. & Cavaye, A. (1999) Factores que afectam a adoção de tecnologias de comércio eletrónico por pequenas empresas na Austrália - Um estudo empírico: Não publicado

Allinghani, S (1972). Income Tax Evasion: A Theoretical Analysis. *Journal of Public Economics* Vol. 5 no.3 pp23-57

Anders, M (1996) Technology Shift and Business Operations Interdependence: A Case of Internet in Security Trading. Um documento de seminário

Branson, W (1979) Macro Economic Theory and Policy 2nd Ed. Universal Book Stall: Nova Deli

Buhalis, D & Deimezi, D (2004) E-tourism developments in Greece: Adoção de tecnologias de informação e comunicação para a gestão estratégica da indústria turística grega. *Tourism and Hospitality Research.* Vol.5, no.2 pp103-130

Chau, P.Y & Tam, K.Y (1997) Factores que afectam a adoção de sistemas abertos: An exploratory study". *MIS Quarterly* Vol.21no.1 pp1-24.

Cheng, J. M. S., Kao, L. L. Y., & Lin, J. Y. (2004). Uma investigação sobre a difusão de jogos em linha em Taiwan: Uma aplicação da teoria da difusão da inovação de Roger. *Journal of American Academy of Business*, Cambridge, Vol.5 no.1/2 pp 439-445.

Christensen, B.L & Stoup, M.C. (1986) Introduction to statistics for social and Behavioural sciences: Brooks / Cole publishing company. Califórnia.

Churchill, G. A. (1979). A paradigm for developing better measures of marketing constructs. *Journal ofMarketing Research* Vol.14 pp64-73.

Churchill, G. A. (1991). Marketing research: Methodological foundations. Dryden Press:. Chicago.

De Vaus, D (1996) Survey in Social Research 4th Ed. Allen & Unwin: London.

Dos Santos, B. L. & Peffers, K (1998). Influência do concorrente e do vendedor na adoção de aplicações inovadoras no comércio eletrónico. *Information & Management,* Vol.34 no. 3, pp175-184.

Ferrer, S. R *et al.,* (2003) Utilização da Internet e factores que afectam a adoção de aplicações da Internet por empresas agrícolas de cana-de-açúcar nas Midlands de Kwazulu Natal. Documento apresentado na 4th Conferência Anual da Associação Económica Agrícola da África do Sul, 2-3 de outubro de 2003, Pretória.

Gay, L.R, (1976) Educational Research: Competências para análise e aplicação. Charles E Merill Publishing Company. Ohio.

Gooroochum, N. & Sinclair, T. (2003). The welfare effects of tourism taxation. Instituto de Turismo e Viagens Christel Dehaan: Nottingham. http://www.nottmgham.ac.uk/ttri

Graces, S.A, Gorgemans, S & Sanchez, A.M (2004) Implications of the Internet- An Analysis of the Argonese Hospitality industry 2002, *Tourism management*, Vol.25, no.5, pp.603-613.

Gretzel, U & Fesenmaier, D. (2000) Assessing the net readiness of Canadian tourism organizations. Associação de Investigação sobre Viagens e Turismo. White horse, Canadá, 17-19 de setembro de 2000, pp 15-21.

Hagerstrand, T (1967). Innovation Diffusion as a Spatial Process" [A difusão da inovação como um processo espacial]. University of Chicago Press: Chicago.

Halley, P. B (1997) Understanding organizational resistance surrounding technology change. SAS Institute Inc Cary. NC.

Hardwick, P. Khan, B & Langmead, J (1990). An Introduction to Modern Economics, Longman Group Uk Ltd: Harlow.

Hornsby (2000) Oxford advanced learners dictionary of current English 6th Ed Oxford University Press: Oxford

Iacovou, C. L, Benbasat, I e Dexter, A. S (1995) Electronic Data interchange and small organizations: Adoção e impacto da tecnologia, *MIS Quarterly*. Vol.5, no.4, pp.465485

Quénia, Governo do Quénia. (2002). Plano de Desenvolvimento do Distrito de Uasin Gishu 2002-2008. Imprensa do Governo. Nairobi.

Quénia, Suplemento da Gazeta do Governo do Quénia n.º 9 .16th Fev 2003. Aviso legal n.º 30. Lei da Hotelaria e Restauração (Cap 496) - Regulamentos sobre a classificação de hotéis e restaurantes, 2000. Imprensa do Governo. Nairobi.

Autoridade Tributária do Quénia (2004). Lei do Imposto sobre o Valor Acrescentado (Cap. 476) e legislação subsidiária

Khemthong, S & Roberts, L (2006). Adoção da Internet e da tecnologia Web para o marketing hoteleiro na Tailândia. *Journal of Business Systems, Governance and Ethics*. Vol.1 no.2 pp47-67

Kimberly, J. R & Evanisko, M. J (1981) Organisational innovation: The influence of individual, organizational and contextual factors on Hospital Adoption of technological and Administrative innovations. *Academy of Management Journal*, Vol.24, no.4, pp689-713.

Kiminyo, D.M (1981). Introdução às estatísticas da educação para professores e estudantes. Mowa Publishers Ltd: Nairobi.

Kombo, D. K & Tromp, D. L(2006). Redação de propostas e teses: uma introdução. Publicações Paulinas África. Nairobi.

Koutsoyiannis, A (1979) Modern Micro Economics 2nd Ed Macmillan Education Ltd: Londres

KPMG (2006) Budget Brief Kenya-15th junho de 2006. KRA (2005) Introduction of electronic tax registers in Kenya. Seminário para contribuintes. KICC 20th janeiro de 2005. Nairobi. http://www.kra.go.ke

Leonard-Barton, D. & Deschamps, I.(1988). A influência da gestão na implementação de novas tecnologias. Management Science, Vol. 34 No.10, 1252-1265.

Mburu S & Njagi J (2008) Undercover tax agents close in on Fraudsters. Business Daily Africa 8th outubro de 2008. Nairobi.

Medlik, S (1991). Managing Tourism. Butterworth Heinmann Ltd: Oxford.

Mistilis, N. Agnes, P & Presbury R (2004) The Strategic use of information and communication Technology in Marketing and Distribution:A Preliminary investigation of Sydney Hotels. *Journal of Hospitality and Tourism Management,* Vol.11, no.1 pp42-55.

Morton, S (1991). The Corporation of the 1990's. Oxford University Press: Nova Iorque.

Mugenda, O. M e Mugenda, A. G (1999) Research methods: Quantitative and Qualitative approaches. ACTS press: Nairobi.

Musau,P & Prideaux, B (2003). Sustainable Tourism: A role for Kenya's hotel Industry. *Current Issues in Tourism* Vol.6 no.3, 2003 pp 197-208.

Mutakha, B (2007). KRA INTENSIFICA CAMPANHAS ETR. KBC 20 de julho de 2006. http://www.kbc.co.ke/mfo.asp?id=1

Ngwawe, C (2005). Análise das estratégias de marketing utilizadas pela indústria hoteleira no Quénia: um estudo da cidade de Kisumu. Tese de Mestrado em Gestão Empresarial não publicada, Eldoret: Universidade de Moi.

Odunga, P, Maingi S,W & Ongaro S,L (2007) Challenges Facing e- tourism adoption in Kenya's tourism sector. *Jornal Africano de Negócios e Economia*. Vol.2 No.1 2007 pg112-143

Odunga, P (2005). Choice of Attractions, Expenditure and Satisfaction of International Tourists to Kenya (Escolha de Atracções, Despesas e Satisfação dos Turistas Internacionais no Quénia). Tese de doutoramento da Universidade de Wageningen, Países Baixos.

Paraskevas, A & Buhalis, D (2002) Outsourcing IT for small hotels: The opportunities and challenges of using application service providers. *Cornell Hotel and Restaurant Administration Quarterly,* vol.43, no.2, pp27-39.

Pearce, D.W (1992). Dicionário Macmillan de Economia Moderna. 2nd Ed. Macmillan Press ltd:

Londres.

Polit, D.F & Hungler, B.P (1999). Nursing researcher: Principles and Methods 5th Ed Lippincott: Philadelphia.

Porter,M & Millar, V (1985) "How information gives you competitive advantage" Harvard Business review Vol.63 no.4 pp149-160

Premkumar, G. Ramamurthy, K & Nilakanta, S. (1994). Implementation of electronic data Interchange: Uma perspetiva de difusão da inovação. *Journal of Management Information Systems*, Vol.11 No. 2, pp157-186.

Ritchie, B & Goeldner, C (1994) Travel tourism and hospitality research. 2nd Ed. A hand book for managers and researchers. John Wiley & Sons Inc: Nova Iorque

Rogers, E (1995). Diffusion of Innovations. 4th Ed. Free Press: Nova Iorque

Roggers, H. A & Slinn J, A. (1993) Tourism: Management of facilities. Pitman Publishing: Reino Unido

Ryan, C (2003) Recreational Tourism: Demand and Impacts. Channel View Publications: Clevedon

Scupola ,A.J (2003) The adoption of internet commerce by SMEs in the South of Italy: Uma perspetiva ambiental, tecnológica e organizacional. *Journal of Global Information Technology Management.* Vol.6, no.1, pp52-71.

Seyal, A. H & Rahman, M. N .A (2003) A preliminary investigation of E- commerce adoption in small and medium enterprises in Brunei, *Journal of Global Information Technology Management.* Vol.6, no.2, pp6- 26.

Sigala, M (2003) Developing and Benchmarking Internet marketing strategies in the hotel sector in Greece. *Journal of Hospitality Research.* Vol.27. no.4 pp.375-401.

Siguaw J.A, Enz, C.A & Namasivayam K (2000) Adoção da informação nos hotéis dos EUA: Strategically Driven objectives: *Journal of Travel Research* .vol. 39, no.2, pp.192- 201.

Slaughter, S J & Delwiche, L.D (2010). The little SAS book for enterprise guide 2010 SAS INSTITUTE pt.wikipedia.org/wiki/SAS

Tarus, D. K *et al.,* (2007). Liberalização e dilema da transferência de tecnologia no desenvolvimento industrial do Quénia: o caso do sector das pequenas e microempresas. *Jornal Africano de Negócios e Economia.* Vol.2 No.1 2007 pg 158-169

Tisdell, C (2000). The Economics of tourism Vol.1. Edward Edgar publishing Ltd: Cheltenham.

Tornastsky, L. G & Fleischer, M (1990). The process of technological Innovation, Lexington Books. Lexington.

UNIDO (2003). Desenvolvimento Sustentável do Turismo Costeiro em África: Relatório para o Quénia. http:www.fastspread.net/tourism/index.htm

Van Hoof ,H .B & Combrink T ,E (1998) U.S Lodging Managers and The Internet. *Cornell Hotel and Restaurant Administration Quarterly.* Vol.39, no.2, pp46-54.

Van Hoof, H.B Ruys, H. F. M & Combrink, T. E (1999). The Use of the Internet in the Queensland Accommodation Industry (A utilização da Internet na indústria de alojamento de Queensland). *Australian Journal of Hospitality Management* vol.6, no.1, pp11-24

Venkatesh, V. Morris, M. Davis, G & Fred, D (2003) User acceptance of information technology: Toward a unified view. *MIS Quarterly 2003,* pp 425-478. http://www.cis.gsu.edu.

Walker, J. L. (1969). The diffusion of innovations among the American States - *American Political Science Review* Vol.63 no.3, pp880-899.

Zhu, K. Kraemer, K.L & Xu, S (2002) "A cross-country study of electronic business adoption using the technology-organisation-environmental framework," Proceedings of the Twenty third international conference on information systems, Barcelona, Spain pp337- 348

Printed by Books on Demand GmbH, Norderstedt / Germany